Science Pearls　Youth Edition

国际科普大师丛书（青春版）● 数理篇

太空飞行课

NASA宇航员关于
真实太空生活的342个
精彩解答

Ask
the Astronaut

A Galaxy of Astonishing
Answers to Your Questions
on Spaceflight

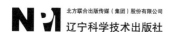

北方联合出版传媒（集团）股份有限公司

辽宁科学技术出版社

［美］　汤姆·琼斯
(Tom　Jones) /著
阳曦/译

著作权合同登记号：图字 01-2017-7398 号

ASK THE ASTRONAUT: A GALAXY OF ASTONISHING ANSWERS TO YOUR
QUESTIONS ON SPACEFLIGHT By TOM JONES
Copyright © 2016 by Tom Jones
Originally published by Smithsonian Books, Washington, DC
This edition arranged with SUSAN SCHULMAN LITERARY AGENCY, INC
through BIG APPLE AGENCY, INC., LABUAN, MALAYSIA.
Simplified Chinese edition copyright © 2024 United Sky (Beijing) New Media Co ., Ltd.
All rights reserved.

图书在版编目（CIP）数据

太空飞行课 / (美) 汤姆·琼斯著；阳曦译.

沈阳：辽宁科学技术出版社，2025.1. -- (国际科普大

师丛书：青春版). -- ISBN 978-7-5591-3895-8

Ⅰ. V47-49

中国国家版本馆CIP数据核字第2024E3D606号

出 版 者：辽宁科学技术出版社
    （地址：沈阳市和平区十一纬路25号 邮编：110003）
印 刷 者：大厂回族自治县德诚印务有限公司
发 行 者：未读（天津）文化传媒有限公司
幅面尺寸：889mm×1194mm，32开
印 张：8.25
字 数：230千字
出版时间：2025年1月第1版
印刷时间：2025年1月第1次印刷
选题策划：联合天际
责任编辑：张歌燕 马航 于天文 王丽颖
特约编辑：边建强 王羽鬐
美术编辑：梁全新
封面设计：typo_d
责任校对：王玉宝

书 号：ISBN 978-7-5591-3895-8
定 价：38.00元

关注未读好书

客服咨询

目录

引言

五十多年来，太空探索既是我工作的重心，也是我个人兴趣的核心。五岁的时候，祖母给了我一本介绍太空飞行的书，正是这本薄薄的小书点燃了我的梦想，将我送上了通往星空的旅程。学生时代，我目睹人类在月球上踏出了第一步，就在那一刻，我立志为太空探索贡献自己的力量。

NASA公布新航天飞机的时候，我正在空军部队驾驶B-52轰炸机。几年后，我第一次有机会看到了一架航天飞机——"哥伦比亚号"，当时它正停靠在亚利桑那州图森市补充燃料。为了争取机会驾驶这架航天飞机，我拼尽全力；十年后，我终于登上了"哥伦比亚号"，那是我的第三次太空之旅。我曾四次幸运地代表美国执行航天飞机飞行任务，其中包括一次飞往国际空间站的任务，这真是难得的殊荣。

在这些旅程中，最特殊的时刻或许来自我在空间站上的一段经历，当时我正要结束自己的第三次太空行走。那次出舱是为了执行一些早已安排好的任务，按照计划，我必须尽快返回"亚特兰蒂斯号"航天飞机。在工作结束后那短暂的休息时间里，我抓住太空站船头的扶手，望向周围的浩瀚宇宙。

宇航服头盔面罩外的景象美得令人窒息。我倚靠的巨型航天飞机轻盈地飘浮在地球上空，丝绒般漆黑的深空中，太空站金色的太阳能电池板在我头顶铺展开来，仿佛大型帆船饱满的风帆。前方1600千米外，弧形的地平线在蓝色的大气薄雾中若隐若现；脚下350千米处是湛蓝的太平洋，洁白的云朵在大洋上空无声地掠过。

感激与惭愧在我心头交织，泪水盈满了我的眼眶——感谢上帝让我目睹宏大的宇宙舞台上这惊心动魄的一幕，它令我深受震撼。

我在太空中经历过许多激动人心的时刻，刚才描述的那一幕只是其中之一。自从最后一次任务结束后，我一直努力试图向大家解释太空生活的真实面貌。这些年来，我做过许多大大小小的演讲，听众少则几百人，多则上万人，其中有幼儿园的小朋友、公司高管、空军学院的同学、教会里的教友、外国游客，也有专业的同行。每次演讲，听众都会提出很多问题，有的问题非常基础，也有的不同寻常。在这本书里，我将回答三百多个我自己最喜欢的问题，帮助大家了解人类的太空体验。

我的太空故事固然有趣，但我们在太空中的未来属于21世纪的新一代探索者。所以，我的很多答案主要面向那些有志于太空探索的孩子，以及他们的父母、家人和老师。未来数十年，我们将走入太阳系，利用各种方式前往那些此前只有无人探测器曾经到达过的新世界。我们将于何时去往何方，为人类移居太空做出哪些创新与发现，这一切都掌握在新一代的先驱者手中。他们将解开那些困扰人类千年的谜团，再提出——并回答——今天我们仍无从想象的更多问题。

第一章　向往太空

01 你从小就想当宇航员吗？你是什么时候开始下定决心的？

自从第一次听说太空探索以后，我就立志要参与其中。马里兰的巴尔的摩是我的家乡，作为一名十岁的童子军，我曾参观过附近的马丁·玛丽埃塔火箭工厂。这家工厂负责生产强大的"双子座－大力神2号"运载火箭，它将宇航员送上太空，让他们有机会练习人类首次登月所需的技能。

当年的太空竞赛就发生在我的家乡！我还记得，十岁的我仰望着10层楼高的银黑色火箭，觉得宇航员是这世界上最棒的职业。他们驾驶着有史以来最复杂的机器，飞往谁也不曾到过的地方。从那以后，我开始如饥似渴地阅读一切有关太空探索的资料，并且下定了决心：有朝一日，我也要成为一名宇航员。

02 是什么激励你成为一名宇航员？

在我五岁时，奶奶送了我一本《太空飞行：未来的宇宙探索》。这本书点燃了我对天文和火箭的好奇心。但真正让梦想扎根在我心头的是20世纪60年代美国与苏联之间的登月竞赛。十岁的我已经迷上了飞机和飞行，我如饥似渴地关注着每一次发射任务。

我们的老师把电视搬到了教室里，让我们有机会观看双子座任务和阿波罗任务的每一次发射与海上回收。太空

3

新闻经常持续好几个小时,老师甚至会暂停平时的课程。每到任务的关键时刻,我都和电视里的新闻主播一样激动。

我还记得美国宇航员第一次太空行走、两艘飞船首次轨道对接和"阿波罗"飞船首次绕月飞行时的情景。随着美国人积累的太空经验越来越多,我看到了国家航天技术的进步如何深深影响着我的老师、父母、朋友的父母以及在附近的"大力神号"火箭工厂里工作的许多人。

父母和老师都告诉我,只要努力学习,以后你也可以成为宇航员。我对此深信不疑。1968年的电影《2001:太空漫游》和1969年的"阿波罗11号"登月任务又进一步巩固了我的太空之梦。

---

(03) 父母对你的宇航员之梦有何反应?

我很小就迷上了天文和宇航,我的父亲对此颇为鼓励。他们知道这些领域大有可为,因为美国和苏联正在进行太空竞赛,国家对太空探索的兴趣日益浓厚。除此以外,我们的很多邻居在马丁·玛丽埃塔工厂工作,当时他们正在执行"双子座-大力神2号"计划的生产任务。在我12岁那年的圣诞节,亲戚送了我家一台3英寸口径的反射式望远镜。我经常用它来观察月球表面和附近的其他行星。

进入高中以后,我渴望尽快踏上试飞员的职业道路,学习宇航相关专业。父亲鼓励我去跟空军学院的代表见面,争取高中毕业后能进入这所学校。我的父母没有嘲笑我的梦想,而是告诉我,只要付出努力,梦想就可能成真。我的母亲害怕飞行,她甚至从来没有坐过飞机,即便如此,她依然没有阻挠我踏上这条职业道路,尽管它可能是世界上最危险的工作。

● 1966年,"大力神2号"火箭搭载"双子座11号"飞船发射升空;这枚火箭是在马里兰州巴尔的摩附近的马丁·玛丽埃塔工厂组装测试的。(NASA)

● 1960年，奶奶的这份礼物点燃了我对太空的向往。（作者）

04 你是通过什么职业道路成为宇航员的?

　　在我最开始决心成为宇航员的时候,NASA有一些宇航员是科学家出身,不过绝大部分宇航员都拥有试飞员或工程师背景。为了争取成为一名试飞员,我加入了空军。从空军学院毕业后,我获得了飞行员资格,并担任了五年的B-52同温层堡垒轰炸机副驾驶员及机长。

　　NASA推出航天飞机后,我意识到自己可以再进修一个科学学位,以任务专家的身份成为宇航员。因为我最喜欢的专业是天文和空间科学,所以我决定去考一个行星科学学位。我在亚利桑那大学花费五年时间获得了博士学位,专业是小行星研究。

　　博士毕业后,我进入了中情局(CIA)工作,当时我的职位是项目管理工程师。这段经历证明了我能够胜任紧张的研发岗位,NASA的工作环境与此十分相似。我成为宇航员之前的最后一份工作是在科学应用国际公司担任高级科学家,帮助NASA完善太阳系探索计划。

05 你如何成功地成了一名宇航员?

　　我知道自己将面临激烈的竞争,所以无论是在学校里还是在工作中,我总是拼尽全力,争取最好的成绩。我希望成为空军最杰出的轰炸机机长和最棒的飞行员。后来,我又想成为声誉卓著的科学家。虽然我最开始打算去当试飞员,但后来我发现,空间科学更吸引我,因为宇宙总会带来令人惊喜的新发现。我的最终目标是成为宇航员,不过就算达不到这个目标,我依然希望拥有一份自己真心热爱并且充满挑战的职业。

　　每一次向NASA递交宇航员报名申请的时候,我总会在简历里加入新的成就和技能，好让他们看到，我一直在稳步前进。我遭到过两次拒绝，但我没有气馁。我有一位同事曾经申请了十三次才终于成功入选，毅力和决心真的非常重要！

---

06 你进入太空时有多大年纪？

39岁时，我第一次执行了太空任务；到最后一次登上太空的时候，我已经46岁了。根据阿尔伯特·爱因斯坦的狭义相对论，人在太空中快速运动时，时间会变慢，所以宇航员应该老得比地球上的人慢（同时根据广义相对论，由于受到引力较弱，人在地球轨道上时间会变快，只是这种效应相比较弱）。不过实际上，我在地球轨道上以28530千米/小时运动的所有时间加起来只能让我年轻大约3毫秒！

---

07 你上过几次太空？

我有幸代表美国执行过四次航天飞机任务，其中前三次都是科考任务，最后一次则是将"命运号"送上太空并激活。"命运号"是美国为国际空间站制造的科学实验室模块，价值14亿美元。

---

08 你的四次太空任务目标分别是什么？

每次航天飞机任务都有一个独特的编号，以"STS"打头，这三个字母是"空间运输系统"的简称。在航天飞机设计之初，它的名字就叫"空间运输系统"，后来这个缩写一直沿用了下来，所以航天飞机执行的第一次任务被命名为"STS-1"。我执行的四次太空任务具体如下：

○ STS-59，利用太空雷达实验室1号地球成像系统观察我们不断变化的地球。

○ STS-68，利用太空雷达实验室2号扫描地球，寻找自然和人为的变化。

○ STS-80，发射并回收两颗科研卫星。

○ STS-98，将美国"命运号"科学实验室运往国际空间站。

(09) 你环绕地球飞过几圈？

我和其他宇航员一起完整地环绕地球飞行过847圈，总的绕轨飞行里程大约是3500万千米，或者说，差不多相当于地日距离的四分之一。不过有点奇怪的是，我最远只到过地球上空约377千米的地方。"阿波罗号"宇航员在执行登月任务时离开地球的距离比这要远上千倍。

(10) 你在太空中一共待过多长时间？

如果把四次任务全都加起来的话，我一共在太空中待了53天零49分钟。单次太空任务的最长时间纪录由俄罗斯飞行员瓦列里·波利亚科夫保持，从1994年1月9日到1995年3月22日，波利亚科夫在俄罗斯的"和平号"空间站上待了438天。在太空中停留的总时间最长的也是个俄罗斯人，他名叫根纳季·帕达尔卡。帕达尔卡曾五次登上"和平号"或国际空间站，截至目前，他总共在太空中待了879天。

第二章　升空特训

宇航员在地球上是如何模拟发射时的超重和失重状态
进行训练的？

　　我迫不及待地希望体验太空飞行的感觉，渴望见到太空中的景象——谁不是呢？不过首先，我得完成地球上的模拟训练。

　　为了熟悉火箭发射过程中的强大加速力（也就是超重），我和其他航天飞机宇航员一起登上了诺思洛普T-38教练机，进行高强度的特技飞行和高加速度机动训练——在空军里当飞行员的时候，我就很喜欢这类飞行任务。我还坐过很大的载人离心机，这种机器会快速旋转，创造出强大的加速力。

　　最让我兴奋的模拟训练是去得克萨斯州圣安东尼奥布鲁克斯空军基地乘坐载人离心机。这台离心机的载人舱安装在一根很长的钢臂上，钢臂转动起来的时候，乘客会被强大的离心力紧紧压在座位上，有点像是飞机起飞时的那种感觉。我穿好宇航服，坐在航天飞机座椅上，系紧安全带，然后做了三次模拟发射，每次持续8分30秒。在那最后的一分钟里，强大的加速力无情地压迫着我的身体，我感觉自己足有200千克，差不多相当于真实体重的三倍。在那样的情况下，呼吸都变得极为困难，你根本就抬不起胳膊；不过通过这样的训练，我知道了发射过程中会出现哪些状况。

为了体验自由落体的失重感，我登上了NASA的KC-135喷气机，它有一个非常确切的昵称，"呕吐彗星"。每次飞行训练都相当惊心动魄，我们需要进行40次过山车般的爬升和下降，自由落体状态的持续时间最长可达25秒。在自由落体和2倍重力的加速度之间不断切换，你会感觉恶心想吐，有时候甚至会非常难受。"呕吐彗星"真是名不虚传！

---

02 NASA真的在休斯敦建立了一间反重力室吗？听说在那个房间里，重力会被完全抵消掉！

NASA约翰逊航天中心的导游经常会听到这个问题，但实际上，"反重力室"根本不存在。取而代之的是，NASA利用专门的高速喷气机和中性浮力实验室——航天中心附近的一个巨型游泳池——来模拟自由落体的失重状态，让宇航员熟悉太空行走时手边的工具和宇航服会呈现出的状态。

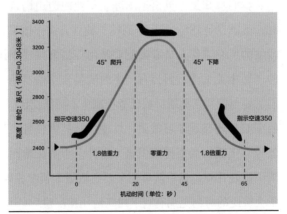

NASA"失重奇迹"C-9喷气机的飞行轨迹，他们利用这架飞机来帮助宇航员体验"零重力"或者说自由落体的感觉，同时也可以测试太空实验设备。（NASA）

03 宇航员怎么学习驾驶飞船？

　　乍看之下，驾驶飞船似乎非常复杂，但NASA把我们的训练课程拆分成了易于掌握的多个步骤，在一年左右的时间里循序渐进地完成。最开始我们上了几节引导课程，目标是理解航天飞机的各个系统（电气系统、液压系统、计算机系统、推进系统，等等）。

　　接下来我们开始学习如何操作这些系统，训练室里有控制面板和显示器的简单复制品，还有指令清单和目录可供查询。下一步，我们利用模拟器来操作所有系统协同工作，"驾驶"航天飞机。最后，在接到某个具体的任务后，小队会模拟训练整个任务流程，摸清任务的每一个细节，为任何可能出现的紧急情况做好准备。整个过程大约需要两年半的时间。前往国际空间站执行任务的宇航员也是通过类似的程序一步步学习如何使用轨道实验室和太空交通工具。

04 在国际空间站上工作的宇航员需要懂得哪几种语言？

　　我们都知道，英语是国际航空业的通用语言，与此同时，英语也是ISS（国际空间站）的官方操作语言。国际空间站的所有工作人员必须能够使用英语来完成操作空间站的一切相关工作。因为有一半的队员来自俄罗斯，而且我们需要与俄罗斯莫斯科的任务控制中心频繁交流，所以ISS的宇航员还必须学习俄语，以便执行技术任务。驾驶"联盟号"飞船也需要使用俄语。另外，小队在地面上需要共同训练好几年，然后队员们又要在轨道上朝夕相处几个月，学会彼此的母语更加有利于建立信任和友谊。

●欧洲空间局宇航员萨曼塔·克里斯托福雷蒂正在国际空间站的实体模型里进行训练，这个模型安装在一个容量高达2.3万立方米的水池里，它是NASA中性浮力实验室的一部分，位于得克萨斯州休斯敦市约翰逊航天中心附近。（NASA-ESA）

●NASA宇航员斯科特·凯利在俄罗斯星城加加林宇航员培训中心（GCTC）的"联盟号"模拟器里进行训练。

05 宇航员需要做哪些工作，他们的头衔是什么？

国际空间站的宇航员需要操作空间站使之沿预定轨道飞行，另外还要承担些科研任务，每位宇航员都要在太空中停留六个月左右。他们会出舱进行太空行走、维护、修理空间站，操作机械臂（遥控操纵系统）抓住抵达的补给飞船、安装新的科学设备。在国际空间站上，所有宇航员都是飞行工程师，但指令长只有一位。飞往ISS的"太空的士"人员配置情况也差不多，例如"联盟号""龙"飞船和"CST-100星轮"商业飞船。NASA会给所有合格的队员授予"宇航员"的头衔，哪怕他们还没上过太空。

06 宇航员如何学习应对紧急状况？

学习在生死关头如何做出正确的处理，这是宇航员在太空飞行训练中面临的最严峻的挑战。教练会有意设置一些难题，来考核我们的知识和技能。等到我们熟悉了航天飞机模拟器的操作以后，他们会抛出一个又一个障碍，直到我们犯错为止。教练这样做不光是为了提高我们的警惕性，同时也是为了教育我们，如何在处理紧急情况（例如发动机失效或船舱起火）的同时保证飞行安全。我们学会了分担任务，以免团队被压垮。高强度的障碍训练真正考验了我们在危机中保持冷静、协同工作的能力。

07 一个飞行小组有几位宇航员？

国际空间站上通常有六位宇航员，不过这个团队也可以扩充到七个人。俄罗斯的"联盟号"飞船通常会搭载三位船员，中国的"神舟号"飞船也曾搭载三位宇航员完成太空飞行任务。航天飞机的宇航员团队少则两人，多则八

● 2007年，ISS上的宇航员摆好姿势拍了张全家福。最中间的是航天飞机STS-120任务的指令长帕姆·米罗伊；下面身穿深色上衣的是ISS16号远征队的三位成员，从左到右分别是克莱·安德森、指令长佩吉·威特森和尤里·马连琴科。其他几位都是STS-120任务的宇航员，从左起顺时针方向分别是史蒂芬妮·威尔逊、丹·塔尼、斯科特·帕拉金斯基、道格·威尔洛克、保罗·内斯波利和乔治·赞姆卡。（NASA）

人。在未来，商业性的太空的士也许能搭载七位船员及乘客，"猎户座"飞船甚至能够带着四位宇航员在深空中停留整整一个月。

⑧ 小队的徽标是谁设计的？

徽标都是队员自己设计的。任务分配后，队员们会聚在一起讨论本次任务的主题，以及如何用图案来表现这个主题。宇航员们或许会画几张简单的示意图，很多人会请艺术家朋友或同事来帮忙。确定了徽标的图案以后，NASA和协作单位会画出草图，开始走流程。最终完成的徽标寄托着船员对这次新旅程的期望和目标。

●本书作者参与的STS-98航天飞机任务小队发挥创意，设计了漂亮的任务徽标，在这幅图中，我们可以看到"亚特兰蒂斯号"正拖着美国新建的"命运号"科学实验室飞往国际空间站。

09 宇航员需要等待几年才能首次进入太空?

对于执行国际空间站任务的NASA宇航员来说,从入选到首次进入太空,五年的等待时间不算稀奇。每位宇航员都会以候选者的身份接受一到两年的训练,真正获得宇航员的资格以后,他们还需要进行一年以上的技术训练,最后再根据接到的任务进行两三年的针对性训练。

从国际空间站回来后,宇航员通常要到五年以后才能再次进入太空。他们需要在地面上进行一些恢复性训练,好重新适应地球的环境,调整自己的状态,准备迎接新的训练。从现在到21世纪20年代中期,NASA每年将送六位宇航员进入太空——包括国际空间站、太空的士测试和"猎户座"飞船等多个任务——所以初次飞行的等待时间似乎不太可能缩短。

10 宇航员需要为特定的某次任务训练多长时间?

执行国际空间站任务的宇航员至少需要专门训练两年。而商业性的太空的士飞船自动化程度很高,如果只是驾驶这些飞船在地球和ISS之间往返,那么只需要训练一年左右。根据NASA的相关规定,执行ISS的长期任务需要经过严苛的训练,需要两到三年。在这个过程中你需要经常东奔西跑,比如说,去其他国家待很长一段时间,和国际伙伴一起完成训练。未来的深空探索任务可能需要五年的训练时间,因为这些任务使用的飞船(例如"猎户座")比较复杂,任务内容也相对较难,比如说,宇航员可能需要登陆某颗小行星或行星的地表进行探索。

11 宇航员候选者的训练包括哪些内容，需要多长时间？

宇航员候选者的训练课程帮助你在太空中高效地完成工作、沉着应对太空环境里的各种挑战，让你在可能发生的紧急情况下做出有效的反应。我们最开始是在课堂里学习理论课程，然后乘坐高性能喷气机进行生存训练和自由落体适应训练，接下来还有紧张的飞船模拟操作课、备餐课、俄语课、体能课、维修技能课、太空行走预备课和领导力训练课。我觉得宇航员候选者的训练课程节奏紧张，充满挑战和乐趣。想到训练结束就能进入太空，我立即充满了力量！

●NASA的"猎户座"深空载人飞船停留在地球轨道上——艺术概念图。（NASA）

12 为什么说航空训练能够帮助宇航员更好地适应太空飞行？

NASA利用喷气教练机来训练宇航员，这个科目他们称之为"航天预备培训"。飞机驾驶员和飞船驾驶员的处境十分相似。在天空中，飞行员和宇航员都需要不断地判断当前的安全状况、任务优先级、天气情况、燃油量和飞行路线，然后根据手头的信息做出各种决策。如果飞行器出现故障或者其他紧急情况，他们必须做出正确的应对。他们还必须通过无线电与机组成员及空管保持联系。

我开过诺思洛普T-38N喷气教练机，跟我搭档过的有NASA的教练，也有其他宇航员。为了帮助新宇航员在飞行中做出正确的决策、学会团队合作，我还做过NASA赛斯纳引证2型喷气式公务机的指令长。在充满压力甚至敌意的环境下驾驶高性能飞机，在保证安全的同时确保决策正确、交流清晰——因为错误的决定可能会造成人员伤亡——在太空飞行中，我们需要的正是这样的素质。

---

⑬ **为了完成太空任务，宇航员需要进行哪些体能训练？**

太空飞行对体能的要求很高，强健的体魄能够帮助宇航员适应起飞和降落的过程，让他们更好地应对太空中的严苛环境。

为了保持体形，宇航员需要定期去健身房锻炼。多年来宇航员们用的都是约翰逊航天中心的健身房，它虽然面积不大，但效果却不错。健身房里有半个篮球场、两个壁球场、各种健身器械、一堵攀岩墙和一条户外跑道。现在，宇航员的锻炼场所已经换成了附近的哥伦比亚健身及康复中心（这个名字是为了纪念2003年那架失事的航天飞机），新的健身房配备了现代的健身器材和康复游泳池。健身教练可以在专门的办公室里为宇航员制订长期任务的针对性训练计划，并为他们提供康复建议。

在出发执行任务之前一年，NASA会指派体能专家为宇航员设计全方位的健身训练课程。宇航员需要按照课程

●宇航员艾琳·科林斯、汤姆·琼斯和他们的诺思洛普 T-38 喷气教练机。这张照片拍摄于加州棕榈谷的航天飞机轨道器生产厂。（NASA）

安排，每周定期训练。

发射之前，每位宇航员都要接受蹬车运动测试，检验心肺功能。测试中使用的自行车固定在地面上，车上装着测量心肺功能的传感器。除此以外，宇航员还要接受功能性测试、灵活性测试和等速力量测试。完成任务回到地球以后，宇航员会再次接受体能测试，看看和发射前相比有何变化。

⑭ 休斯敦有哪些宇航员训练设施？

得州休斯敦的约翰逊航天中心是 NASA 宇航员的工作和训练场所，这里有教室、计算机训练平台、任务模拟器，还有国际空间站（ISS）、"猎户座"飞船及其他商业性飞船的实体模型。宇航员通过模拟器来练习自己在太空中将要完成的任务，例如对接ISS与其他航天器，或者驾驶飞行器飞越小行星和月球上空。在任务控制中心，受训宇航员会和经验丰富的飞行控制人员一起工作，观摩他们如何与太空中的宇航员交流，体验真实的太空操作环境。

航天中心还有一片模拟火星地貌的户外训练场，宇航员可以亲自驾驶火星车"探索火星的地质情况"。艾灵顿机场就坐落在航天中心北面，宇航员可以在这里登上T-38鹰爪喷气教练机，接受航天预备培训。机场里还有大名鼎鼎的中性浮力实验室，宇航员可以借助2.3万立方米容量的游泳池来练习太空行走。

---

⑮ NASA用来训练宇航员的模拟器仿真度有多高？

约翰逊航天中心有两台国际空间站模拟器。它们既不会动，也无法提供自由落体环境，但这两台模拟器完美地重现了空间站的外形和手感，可以帮助宇航员学习如何操作空间站。

在全尺寸的模拟器舱房里，宇航员可以身临其境地练习如何维护空间站、如何扑灭火灾、如何在空间站和到来的飞船之间搬运货物。与此同时，他们还会通过反复的训练养成安全的操作习惯，学会正确使用仪器设备、门闩以及宇航服。

而另一台任务模拟器主要是帮助宇航员熟悉ISS的计算机系统，船员可以利用这些系统通信、操作船上的各种设备、完成机动动作、与飞船对接。

很快航天中心还将增加新的商业太空的士模拟器，宇

●航天器模拟设备（SVMF）是国际空间站的1∶1模型，仿真度极高。（NASA）

航员将以起飞姿势坐在船舱里，模拟倒数读秒、发射以及海上回收的过程。

⑯ 其他国家在哪里训练他们的宇航员？

国际空间站的每个合作伙伴都有自己的宇航员训练设施。日本的训练基地在东京郊外的筑波科学城，欧洲的在德国科隆附近的欧洲宇航员中心，加拿大的是魁北克省圣休伯特的约翰·H.查普曼航天中心，俄罗斯的则是莫斯科附近星城的加加林宇航员培训中心。

经过初步训练后，日本、欧洲和加拿大的宇航员会来到休斯敦，参加专门的ISS远征培训。在ISS培训期间，NASA的宇航员差不多有一半的时间都待在莫斯科，而俄罗斯太空人在休斯敦训练的时间也差不多有一半。中国的宇航员培训中心位于北京，由中国空军负责运营管理。

(17) 有志于成为宇航员的人可以参加什么培训项目？

美国和俄罗斯都有几个地方可以提供太空飞行试训。比如说，佛罗里达肯尼迪航天中心的游客中心就开设了宇航员培训体验课程，亚拉巴马的美国空间及火箭中心也有太空训练营，可供青少年和成人报名参与。在俄罗斯，太空探险有限公司开设了一个项目，可以让普通人去莫斯科附近的太空人培训中心体验训练课程。

(18) 如果想当宇航员，参加太空训练营会有收获吗？

我参观过的太空营能让普通人亲身体验宇航员的训练课程和太空飞行的情景，虽然时间短暂，但却相当真实。营地里的很多活动可以让你亲自操作模拟器，体验宇航员在太空中的工作，比如说操纵机械臂、驾驶飞船、在国际空间站上做实验，等等。参与者可以学习如何服从指令、完成团队协作，体验太空飞行的无穷乐趣。

要想深入了解宇航员的职责，认识其他志同道合的人，你完全可以考虑参加太空训练营，它会带给你一个收获满满的有趣假期。

(19) 私营航天公司会培训自己的宇航员吗？

商业公司有自己的培训项目，有时候他们也会雇用太空飞行的培训专家。费城附近的美国国家航空航天培训及研究中心可以为商业太空飞行的船员和乘客提供专业的培训。培训内容包括模拟器体验、载人离心机训练以及高压室训练。维珍银河公司承诺为太空航班的乘客提供必要的训练，他们的培训地点是新墨西哥的美国航天港。

⑳ 第一次执行太空任务的时候，你觉得自己准备得如何？

　　对于很多一辈子都生活在地球上的人来说，太空飞行有些让人望而生畏，但是，人类进入太空已经有半个世纪的历史，我们已经积攒了足够的经验，可以在地球上训练宇航员从容面对太空中的各种挑战。NASA完善的培训让我能够胸有成竹地迎接第一次航天飞机任务。

　　"奋进号"到达地球轨道、关闭发动机以后，我在船舱里感觉十分舒适。我脱下宇航服手套，看着它在我眼前轻轻翻滚。我解开安全带，环顾四周，觉得一切都如此熟悉。我了解每一个开关、每一处储藏柜和飞船的每一个系统，而且我非常清楚自己应该做些什么事情。短短几分钟内，我就和同事一起成功启动了太空雷达实验室。所有流程我们都曾反复练习过，所以操作起来非常轻松——但是这一次，我们真正在太空中工作！

㉑ 宇航员培训好玩吗？

　　我可以诚实地说，我认为大部分培训项目都非常有趣。有的项目的确很累，例如水下太空行走。也有的科目充满压力，其中模拟器训练课压力最大。还有的课程很难，比如说操作航天飞机的计算机和推进系统。

　　不过训练过程的确充满乐趣，例如驾驶喷气机、挣扎着穿宇航服、品尝航天食品、练习空间站组装、驾驶"呕吐彗星"、坐着载人离心机转来转去、控制机械臂从轨道上回收卫星。其中最棒的是和那些满怀激情的聪明人一起工作，我们共同飞行，彼此帮助，最终成为一生的朋友。每天早晨，我都盼着赶紧开始工作。

　　不过所有的努力和乐趣背后也有一个缺点。培训课程十分繁重，尤其是随着发射日期的临近，训练变得越来越紧张，频繁的出差和长时间的训练剥夺了我们与家人共处的时间。虽然培训过程充满乐趣，但它仍是我工作中最有挑战的部分。

㉒ 你在宇航员培训中最棒和最糟糕的经历分别是什么？

我觉得培训课程中最棒的就是我穿好宇航服，进入NASA无重力环境训练设施的那一刻。那是一个7.6米深

● 本书作者在日本筑波航天中心准备进入水下参加空间站太空行走训练。（NASA）

的游泳池，1996年之前，NASA一直在这里教导宇航员如何在轨道上的自由落体（或者说无重力）环境下利用宇航服进行机动、如何使用各种工具。

我还记得自己抬起头来，望向波光粼粼的水面，看到潜水员吐出的气泡轻轻向上漂浮；耳畔只能听到头盔里空气流动的嘶嘶声和宇航服外汩汩的水声。我知道这不是真正的太空，但同时我也知道，我正在为真正的太空行走进行训练。

最糟糕的时刻同样发生在那个游泳池里，因为太空行走真的很耗体力。经过六小时的水下训练，我常常身心俱疲。浮上水面脱下宇航服的那一瞬，简直感觉得到了解脱。宇航员培训同时考验着你的生理和心理，不过它总是充满乐趣。而且培训我的老师和其他宇航员都很有才华。

㉓ NASA 的载人航天中心为什么会部署在休斯敦？

1961年，NASA宣布将在全国范围内寻找载人航天中心的落户地点。这个新场地必须满足以下要求：附近有港口和全天候机场，能够方便地与全国各地进行远程通信，有充足的水源可供试验设施使用，气候温和适合户外工作，能够招募到高素质的员工，周围的社区文化友善有吸引力。

1961年9月，NASA宣布，新的航天中心——1973年，它被命名为约翰逊航天中心——将落户休斯敦。为了迎接航天中心的到来，莱斯大学捐出了休斯敦东南方向40千米外加尔维斯顿湾附近的400公顷荒地。毫无疑问，曾任得州参议员的副总统林登·B.约翰逊、得州众议员奥林·蒂格和国会里其他的得州议员为此付出了很多努力。八年后，"休斯敦"成为宇航员尼尔·阿姆斯特朗从月球表面传回地球的第一个词。

㉔ 宇航员候选者培训班如何选定自己的昵称？

按照传统，新的一批宇航员候选者来到约翰逊航天中心加入培训班以后，老的宇航员会给他们起一个昵称。比如说，14组原来的昵称叫作"小猪"，不过很快他们就改成了更好听的"猪猪"。16组有44名成员，在当时算是人数很多的班级了，NASA的训练设施被挤得满满的，所以他们的昵称叫"沙丁鱼"。2009年的那一届学员四处游说，想给自己争取一个"黑猩猩"的昵称，但同事们却戏谑地叫他们"大笨蛋"，或许是因为这批候选者必须等待很长一段时间才有机会飞往国际空间站。

㉕ 万一飞船必须在地球上紧急着陆，你们接受过哪些生存训练？

如果发射任务中止，或者必须从轨道上紧急返航，宇航员得在着陆后生存24～48小时，救援队才有机会找到他们。无论降落在什么地方——沙漠、冰原或者茫茫大海上——队员们都得迅速做出反应，善用救生设备，互相协作，想方设法活下去。

宇航员会练习在陆地上和水中着陆后如何出舱，如何脱下宇航服，换上救生衣或者御寒衣物。他们会学习如何展开救生筏，如何利用吊索进入救援直升机。除此以外，他们还会学习一些基本的生存技能，例如生火、发送信号、搭建临时住所、急救、野外觅食和烹饪。

　　我的小队"驾驶"过两种航天飞机任务模拟器，来预演真正的发射过程。

　　"动感平台"模拟器利用液压起重机来倾斜、摇晃飞行甲板，模拟发射时的场景。模拟训练中的振动和加速度都没有实际发射时那么强大，但通过训练，我们可以提前感受发射过程。模拟器内部与航天飞机的舱室一模一样，所

●2013年1月，欧洲空间局宇航员亚历山大·格斯特在俄罗斯星城附近接受冬季生存训练，照片中他刚刚离开"联盟号"飞船模型。（加加林宇航员培训中心）

有的开关的功能和屏幕显示的信息也是完全仿真的，所以我们可以利用它来演练如何处理各种可能的紧急情况。

"固定平台"模拟器不会移动，但它有一个"会议室"，全体队员可以聚集在一起，从起飞进入轨道开始预演整个任务流程。

发射前三周，我们飞往佛罗里达的肯尼迪航天中心进行发射预演。我们坐在真正的航天飞机舱室里，系紧安全带，听着倒数读秒，练习除发动机点火外的所有操作。

㉗ 为了适应未来的深空探索任务，宇航员的培训课程会有什么变化？

目前的很多训练科目同样适用于飞往月球、小行星和火星的旅程。不过，除了实体的仿真模拟器以外，我们还会引入更多的计算机模拟训练。因为现在的深空飞船只需要通过两三个电脑屏幕就能完成所有操作，不再需要数百个物理开关。

● NASA宇航员在"猎户座"飞船模型里评估计算机和控制开关布局。（NASA）

与近地轨道任务相比，执行深空任务的小队得到的地面支持将大大减少。如果发生紧急情况，任务控制中心很难为他们提供实时的帮助，因为离地球越远，通信延迟的时间就越长。比如说，如果你在火星上，那么你向地球发送一个问题，可能要到40分钟后才能得到回答。漫长的旅途中，地球也会向深空飞船发送视频和课程，帮助宇航员温习训练内容。国际空间站的宇航员已经尝试过很多这类的训练技术，这一切都是为将来的探索奠定根基。

第三章 进入太空

---

01 宇航员在起飞时是什么感觉？

搭载船员飞往国际空间站的"联盟号"火箭共有三节，它的原型是苏联的一款洲际弹道导弹。发动机点火后，"联盟号"需要20多秒时间来积聚足够的推力发射升空，在这个过程中，飞船上的宇航员会感觉到越来越强烈的振动。

离开发射台以后，火箭会平稳地加速2分钟，宇航员会感觉自己的体重变成了原来的两倍——这是2g加速度造成的效果。起飞后114秒，火箭最末端那节的燃料耗尽，一个小小的发动机会点火将它推开。3秒后，伴随着轰然巨响，第一节的四个推进器与主火箭完成分离。第二节发动机继续工作，将火箭推得越来越快，越来越高，队员们的体重变成了平时的四倍——此时的加速度是4g。

起飞后2分37秒，在震耳欲聋的巨响和刺眼的闪光中，保护飞船的整流罩离开了主火箭。起飞后4分47秒，第二节发动机燃料耗尽，脱离飞船。分离时火箭会将船员向前猛地一甩，造成短暂的自由落体状态，随后第三节火箭立即点火，加速度再次将船员紧紧地压在座椅上。

在起飞后8分44秒，第三节火箭终于熄火，入轨的飞船进入自由落体状态。4秒后，"联盟号"飞船脱离第三节火箭，飘向ISS。

⑫ NASA在发射前为什么要对船员进行检疫隔离？

宇航员在发射前要接受为期一周的检疫隔离，远离家人、同事和其他所有人，以免染上感冒病毒或其他常见疾病。只有接受了航天医生筛查的同事才能在有必要的情况下接触隔离中的宇航员。因为学校里到处都是飘浮的微生物，所以在发射之前的一周，宇航员不能拥抱亲吻自己的孩子，甚至不能靠近他们3米内。隔离期间，配偶可以探访宇航员，但来访者必须接受体检。隔离策略的确很有用，很少有发射任务因为宇航员生病而被迫推迟，宇航员入轨后也很少生病，因为飞船里几乎没有任何传染性病毒和细菌。

⑬ 发射之前，你如何调整自己的身体，为太空中的工作做好准备？

在太空中，我们根据任务日程中的重要事件来确定什么时候睡觉，什么时候起床。比如说起飞、发射和回收卫星、与国际空间站对接以及着陆。航天医生希望队员们在这些重要的时刻保持清醒，所以我们会按照日程，提前五六个小时醒来。

宇航员会利用发射前的隔离期来调整睡眠，适应太空中的工作日程。为了加快调整的速度，我会在漆黑的屋子里睡觉，让大脑适应新的"夜晚"；醒来以后，我会把起居舱的光线调得很亮，模拟任务日程中的白天。如果非得在白天出门，比如说去模拟器那边或者去办公室，我们甚至会戴上黑漆漆的焊接面罩，让大脑误以为现在是夜晚。我在隔离室里待了大约四天以后，身体终于适应了新的太空工作日程。

在我执行前两次任务时，这样的光线调整法特别有效。当时我在太空雷达实验室任务中值夜班，睡眠时间跟休斯敦差了足足12个小时。

---

04 什么是发射窗口？为什么执行国际空间站任务的飞船发射窗口都如此短暂？

要跟轨道上运行的物体（例如ISS或者月球）对接，我们必须详细计划飞船的发射时间，让它的轨迹与目标的轨迹契合，才能成功完成对接或者登陆。

如果想发射一艘飞船与轨道上的ISS对接，发射控制者必须等待地球自转，使发射台正好位于空间站的轨道下方。这样的时机通常只有几分钟甚至几秒，具体取决于飞船的转向能力和矫正发射时间误差的能力。这短暂的时机就是我们所说的"发射窗口"。如果天气很差，或者飞船、推进器突发故障，导致我们无法在窗口时间内完成发射，那么任务就必须延期，等待下一次合适的时机。

我乘坐"亚特兰蒂斯号"飞往ISS执行任务的那次，发射窗口只有5分钟。最后几秒倒数的时候，突然出现了一个小小的技术故障，发射不得不推迟了2分钟，当时所有人都捏了一把汗。不过谢天谢地，我们还是等到了最终的发射指令——我们成功抓住了这个窗口！

---

05 宇航员在起飞前吃什么？

其实我们吃的东西没有任何限制。一般来说，我们会吃自己最喜欢的食物，因为大家都知道，航天食品的种类、口感和风味都无法与地球上的美食相提并论。所以，在一周的隔离时间里，NASA的营养师问我们想吃什么，我们总会点自己最爱的东西，比如比萨、汉堡、千层面或者墨西哥菜。

发射前的最后几天早晨，营养师问我想吃什么，我还是点了平时的健康食品：麦片、酸奶、橙汁和咖啡。同队的宇航员凯文·齐尔顿打断了我的话，他说："汤姆，忘了那些健康的玩意儿吧——是时候放纵一下了！"于是在隔离期间，我每天早晨都很奢侈地吃巧克力味的麦片，而且我很庆幸自己这么做了！发射当天早晨，我知道要到6小时以后才能在太空中吃到下一顿饭，于是我点了火腿、奶酪煎蛋卷、吐司、炸薯饼和橙汁。离开地球的时候，我吃得饱饱的——而且很满足。

---

06 倒数读秒的时候你紧张吗？

我最担心的不是飞行中可能遭遇的危险，而是自己能否顺利地完成轨道上的工作。技术专家已经为航天飞机做好了飞行准备——我相信我们的火箭万无一失。实际上我体会到的焦灼和胃里发飘的感觉更像是要在大庭广众之下发表演讲或者面临重要的考试。为什么？因为我不想让同队的船员和任务控制中心的同事失望。不过我知道，学习时间已经结束，平时勤学苦练的那些东西终于要真正派上用场了。

不过必须承认的是，安全入轨以后，我的确感觉如释重负。起飞后1小时，我们的领航员凯文·齐尔顿飘向中层甲板脱掉宇航服，他抓住我的肩膀露出大大的笑容，高声喊道："嘿，汤姆！我们在太空里了——而且我们都活着！"

07 如果在起飞前的最后几秒突然出现了问题，你们会怎么办？

在我的太空飞行职业生涯中，最紧张的时刻出现在"奋进号"航天飞机执行STS-68任务那次，发射前几秒钟，我们的主发动机涡轮泵突然出现了过热。就在推进器点火前的1.9秒，轨道器飞行计算机检测到了这个故障，于是它立即关闭了主发动机。

我们没有听到推进器点火的轰然巨响，正好相反，发动机的声音变得越来越小，与此同时，主警报器响起了刺耳的嘟嘟声。我和队友解开安全带，紧张地等待随时可能传来的疏散指令。有那么几分钟，我们甚至能感觉到主发动机留下的余韵仍在轻轻摇晃发射台上的飞船。

发射控制员迅速检查了发动机舱的点火推进剂。在他们检修航天飞机的时候，我们一直紧张地坐在船舱里。发射团队严格执行了检查程序，保证了队员和航天飞机的安全。

08 飞往太空的旅程很难受吗？

太空之旅并不轻松，但旅途带来的兴奋和激动足以抵消所有不适。比如说，"联盟号"飞船从起飞到入轨大约需要9分钟，在此期间，加速度最高可达4g。（地球上的重力加速度是1g，火箭加速带来的效果就像是重力增大了几倍，所以4倍重力加速度就被称为"4g"。在4g的加速度下，你会感觉自己的体重变成了原来的4倍。）而航天飞机在入轨前的最后一分钟里加速度会达到3g的峰值。设计师将航天飞机的最高加速度限制在3g，主要是出于结构强度方面的考虑。在3g的加速度下，我觉得自己的身体有逾200千克重；呼吸变得极其困难，你很难抬起手完成准确的操作（比如说掰动某个开关）。不过这并不痛苦，只是感觉身受重压。"爬山"的时候，我们经常互相开玩笑说："那只大猩猩又一屁股坐在我胸口上啦！"

"土星5号"月球火箭曾让"阿波罗"飞船上的宇航员承受4g的加速度，而"水星号"和"双子座"飞船的宇航员在入轨飞行的第二阶段曾经历大约7g的加速度。为了适应强大的加速度，宇航员接受了足够的训练，我们唯一能做的就是咬牙忍受，因为我们知道，再过几秒发动机就会关闭，自由落体状态即将到来。

---

⑨ 你体验到的航天飞机发射过程是什么样的？

发射前五秒，主发动机点火的瞬间，整个轨道器立即剧烈颤抖起来，就像地震中的摩天大楼。倒数到零的那一刻，固体火箭推进器点火，飞船离开发射台，我感觉像是背后被人狠狠踢了一脚。加速到2.5g的过程中，两台推进器一刻不停地捶打摇晃着我们的飞船，318万千克的推力无情地撕开低层大气。

发射后两分钟，伴随着"砰"的一声巨响，燃尽的推进器与主火箭分离，在那个瞬间，分离发动机的火焰吞没了整个驾驶舱。三台主发动机还在持续提供317万千克以上的推力——但振动已经轻得几乎感觉不到了——推着我们以1g的加速度舒舒服服地往上飞。

外部燃料箱里的燃料不断流入主发动机，燃料箱变得越来越轻，航天飞机的加速度逐渐上升到了3g，入轨前的最后一分钟里，我们一直保持着这样的加速度。沉重的加速度攫住了我们的所有注意力，感觉像是有两个朋友踩在我的胸口

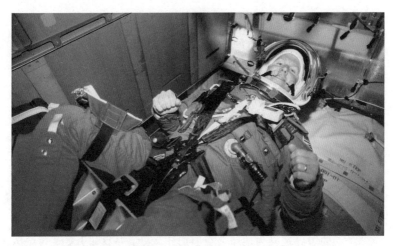

●第二次太空任务前，本书作者坐在"奋进号"航天飞机上，系好安全带，做好了发射准备。（NASA）

不肯下来！主发动机关闭后，推力在短短半秒内就下降到了零，胸口的重压遽然消失，我们进入了自由落体状态，不过安全带仍将我们紧紧地绑在座椅上。

⑩ 飞到地球轨道需要多长时间？

从发射到入轨的时间在 5.6 分钟和 11.7 分钟之间，具体取决于用的是哪种火箭。"联盟号"火箭入轨需要 8 分 45 秒，"猎鹰 9 号"商业运载火箭只需要 9 分钟多一点就能把"龙"货运飞船送入轨道，而我乘坐的航天飞机大约需要 8 分 30 秒的升空时间。"阿波罗"任务使用的"土星 5 号"火箭入轨时间是 11.7 分钟。20 世纪 60 年代，执行双子座任务的"大力神 2 号"运载火箭以空军的一款洲际弹道导弹为原型，它只需要 5 分 36 秒就能进入轨道。

入轨时间之所以会有差异，是因为发射参数不尽相同，例如发动机推力、结构强度、飞船加速度上限以及安全入轨的路径。比如说，加速度小意味着火箭需要花费更多时间才能摆脱大气摩擦力，达到轨道速度。

---

⑪ 你怎么知道自己已经进入太空，成了一名真正的宇航员？

宇航员是接受过训练的太空旅行者，他们是飞船上的专家。不过，随着时代的不同，"太空"的定义也在不断变化。20世纪60年代早期，美国空军曾将"宇航员之翼"勋章授予X-15火箭飞机飞行员，他们驾驶飞机上升到了离地80千米以上的高空中。今天，国际航空联合会将太空的边界定义为地球上空100千米处。从这里开始，NASA的宇航员就插上了飞往轨道的翅膀。

在我执行第一次发射任务的时候，太空的边界仍是离地80千米的高空。我还记得，在我们抵达这个高度的时候，空军上校指令长锡德·古铁雷斯高声喊道："祝贺你，汤姆。现在你是一名真正的宇航员了！"返回地球以后，锡德正式向我颁发了金质的宇航员胸针——对我来说，那就是梦想成真的一刻。

---

⑫ 入轨飞行过程中你会感觉耳朵发胀吗？

大部分飞船的舱室在起飞前都会密封起来，所以在地面上的时候，舱内气压会始终保持不变。飞往轨道的过程中，飞船维生系统会维持舱内气压（通常是海平面气压）。因为舱内气压没有变化，所以你不会感觉耳朵发胀。

飞机起飞时你感觉耳朵发胀是因为机舱外的气压会随着高度的攀升而下降。飞机爬升过程中，为了尽量减轻机舱壁的结构载荷，节约加压系统消耗的能量，舱内气压也会慢慢地下降到2千克/平方厘米左右，大约相当于2400

米高处的气压。在飞机上升到巡航高度的过程中，舱内气压始终维持在这个水平。你感觉耳朵发胀，是因为身体需要适应外部较稀薄的气体环境，所以内耳里多余的气体会通过咽鼓管进入你的喉咙。

---

⑬ 发射会损坏发射台吗？

　　火箭起飞时的推力高达318万千克力，肯尼迪航天中心的发射台不可避免地会受到一些损伤。发射台上的油漆会烧焦剥落，强大的推力会压裂钢板，有时候就连火焰隔离槽（发动机下方留出的深槽）里的防火砖也会崩裂，飞到离栅栏几百米外的地方。

　　为了冷却发射台，降低震耳欲聋的噪声，附近的水塔每分钟要把340万升水送入发射台周围的喷嘴。为了吸收推进器点火的部分冲击力，两个推进器喷嘴下方各挂着一个红色的塑料"水床"。我曾参观过火箭升空后的发射台，就连近500米外的锁链里都嵌着红色的塑料碎片。

　　深空探索任务将采用新的太空发射系统（SLS）发射升空，SLS的移动发射平台也采用了类似的防护技术。

---

⑭ 我们为什么需要火箭才能进入太空？

　　我们之所以需要火箭，是因为它能够达到很高的速度，帮助我们进入太空并停留在轨道上。绕地轨道上的飞船需要达到大约每小时28175千米的速度，比步枪子弹的速度还要快8倍！而要挣脱地球的引力阱飞往月球、小行星或者其他行星，飞船甚至需要达到更快的速度——大约每小时40555千米。

　　太空中无法使用喷气发动机，因为喷气式发动机需要从周围的空气中吸收氧气来促进燃料燃烧，而地球大气层外的太空几乎是真空的，根本没有氧气。火箭发动机携带的除了燃料以外还有氧，这些强大的化学推进剂能产生极大的推力，为火箭提供摆脱地球引力所需的加速度。火箭在大气层外仍能正常工作，所以它成为搭载飞船探索宇宙和太阳系的理想运输工具。

---

⑮ **今天我们用什么火箭送宇航员上天？**

很多国家能将飞船送上地球轨道、发射太阳系内的探测器，但有能力将宇航员送上太空的却寥寥无几。俄罗斯靠"联盟号"火箭将他们的航天员（也有部分NASA宇航员）送往国际空间站，中国载人航天使用"长征2F"火箭，NASA与一些商业公司签订了合同，使用"擎天神5号"和"猎鹰9号"火箭将自己的宇航员和合作国的宇航员送往ISS。

NASA正在建造用于深空载人探索任务的太空发射系统火箭。SLS将搭载"猎户座"深空载人探索飞船。对于短途太空飞行，亚轨道旅游公司可以利用火箭动力的太空飞机或飞船搭载乘客，例如"太空船2号""山猫号"和"新雪帕德号"。

---

⑯ **还有其他方式可以进入太空吗？**

有的飞船设计师希望利用超声速巡航冲压喷气发动机（超燃冲压发动机）将有翼飞行器加速到近轨道速度，送到大气顶层。因为这种发动机燃烧时使用空气中的氧，无须携带庞大的氧气舱，所以它的重量比传统的火箭更轻。达到近轨道速度后，这种飞行器会利用小型火箭提供最后的推力，完成入轨。一家英国公司希望利用超燃冲压发动机来推进其"云霄塔号"太空飞机。

除此以外，还有其他更新颖的推进方式。比如说，有人提出，可以将飞船放置在向上倾斜的长铁轨上，利用强大的电磁铁来加速。离开铁轨后，飞船点燃小火箭，完成最后的加速入轨。还有另一种方式，我们可以用巨大的气球将火箭送到大气上层，然后火箭点火进入太空。这种方式或许可以用来发射小型卫星，但载人飞船太重，无法使用气球运送。

---

⑰ **太空中的飞船需要启动发动机才能停留在轨道上吗？**

入轨以后，飞船不需要利用发动机来保持轨道——只需要借助惯性滑行就好。在没有外力作用的情况下，飞船会沿着椭圆形轨道绕地球运行。但是，稀薄高层大气中的氧原子或氮原子会带来一定的阻力，消耗飞船的能量，让飞船的高度不断降低，最终飞船可能坠入顶层大气，造成计划外的"再入大气层"。要克服大气阻力，国际空间站每隔几个月就会启动推进器，以维持自身的速度和高度。

---

⑱ **如果发射过程中出了意外，最后会怎样？**

今天的载人飞船都配备了逃生系统，以确保宇航员在紧急情况下能够存活下来并安全地返回地球。比如说，"俄罗斯联盟号"火箭的顶部配备了逃生火箭，如果主火箭失控坠落、失去推力或解体，逃生火箭将自动启动。

在1983年9月的那次发射台起火事故中，"联盟号"的发射控制员无法激活逃生系统，是因为大火破坏了通信电缆，飞船内部的人工中断开关也出现了故障。但在大火

● "龙"飞船在卡纳维拉尔角的发射台点火升空，进行逃生系统测试。（Space X）

吞没火箭之前，控制员最终利用无线电指令激活了逃生系统，成功地将航天员弹射了出去，他们最终利用降落伞在不远处安全着陆。

"龙"飞船和"星轮号"之类的太空的士在底部或侧面配有液态燃料的"推进"火箭，紧急情况下它们可以点火离开主火箭。"猎户座"飞船的前端配备了固态燃料的逃生发动机，一旦太空发射系统出现故障，它足以推动飞船完成分离，然后飞船可以利用降落伞安全着陆。

⑲ 你们在发射时为什么要穿宇航服？

如果飞船泄漏或者破损，船舱失压，宇航服可以有效地保护船员的安全。一旦舱内压力快速降低，没穿宇航服的宇航员在短短几秒内就会失去意识。宇航服能让你保持清醒，以便快速排除故障，或者安全地驾驶飞船返回地球。

航天飞机发射时，我穿着橙色的高级逃生系统航天服（ACES），如果需要紧急降落，它能保护我免遭强风、极冷空气和冰冷海水的侵扰。宇航服和背袋里配有救生筏、氧气、水上逃生设备和信号灯，以便救援队及时找到落地的宇航员。

⑳ 航天飞机的宇航服为什么是橙色的？

宇航服选择"国际通用的橙色"，主要是出于安全方面的考虑。橙色十分显眼，如果宇航员漂浮在蓝色、绿色或灰色的海面上，救援队能够更轻松地找到宇航员的下落。为了增加识别度，加压宇航服的白色头盔外还有一层明亮的白色反光胶带。宇航员左右两侧的前臂上佩戴着化学发光棒，可以清晰地显示在直升机驾驶员的夜视眼镜上。未来，在近水区域发射或着陆的宇航员可能也会穿上橙色的宇航服，这同样是为了方便救援。

㉑ NASA的哪些任务在发射过程中出现过严重的故障？

1970年4月11日，"土星5号"火箭搭载"阿波罗

13号"飞船发射升空时，第二级火箭中的某个发动机曾因振动过于剧烈而提前关闭，但第二级和第三级火箭内其余的发动机仍然成功地将"阿波罗13号"送入了飞往月球的轨道。

1985年7月，"挑战者号"航天飞机正准备执行STS-51F任务，发射前6分钟，中央主发动机因多个传感器失效而异常关闭。休斯敦的飞行控制组立即做出响应，避免了发动机因传感器故障而再次关闭，"挑战者号"也紧急更改了任务计划，进入了一条较低的轨道，最终成功完成了任务。

然而就在6个月后，"挑战者号"航天飞机（1986年1月的STS-51L任务）因连接外推进剂舱的固态火箭发动机故障，燃料舱和轨道器遭到破坏，最终在升空后爆炸。航天飞机在卡纳维拉尔角外的洋面上坠毁，机上宇航员全体罹难。

2003年1月，"哥伦比亚号"航天飞机起飞时，外储箱上的绝缘材料坠落砸坏了航天飞机左翼。2003年2月1日，"哥伦比亚号"再入大气层时，因为左翼隔热层受损，炽热的等离子体侵入机翼内部，破坏了机翼结构，最终这架航天飞机在得克萨斯州上空以每小时约19400千米的速度解体，机组成员全部罹难。

㉒ 航天飞机配备了发射逃生系统吗？

1986年"挑战者号"失事后，NASA为航天飞机加装了发射逃生系统，不过其功能依然比较有限。紧急情况下，宇航员可以打开轨道器侧门跳伞逃生，但是，只有在航天飞机抛弃了固态燃料火箭和燃料舱、进入稳定的滑行状态后，宇航员才能实现这一操作，然而如果真的出现严重的发射故障，他们可能根本无法等到这样理想的时机。

经历了"挑战者号"事故后，设计师也曾考虑过为航天飞机增加逃生舱，但NASA认为这样的改动过于昂贵，于是他们选择提高航天飞机整体的发射和载人可靠性，但他们的努力最终依然没能挽救"哥伦比亚号"船员的生命。2011年，所有航天飞机正式退役，缺乏良好的逃生系统是它退出历史舞台的一个重要原因。

㉓ **亚轨道飞行和轨道飞行有何不同之处？**

如果做亚轨道飞行的火箭速度达不到每小时28175千米，那么它将不能完成围绕地球的转动，最终将坠回地表。但在重新进入大气层之前，火箭搭载的飞船仍能离开大气层，船上的乘员能看到漆黑的太空，感受到自由落体的失重感，虽然可能只有短短的几分钟。1961年，宇航员艾伦·谢泼德和加斯·格里森曾经执行过亚轨道飞行任务，那是美国最早的两次太空飞行。

如果飞船能达到每小时28175千米的速度和一定的高度，那么在发动机关闭后，它依然能够维持绕地轨道，以大致平行于地表的方向飞行。这就是轨道飞行。飞船将一直维持绕轨飞行的状态，直至大气阻力将它拉回地球，或者飞船主动点燃制动小火箭，返回大气层内。

㉔ **每次发射你都会像第一次那样激动吗？**

第一次太空飞行的体验无可比拟。激动的心情部分来自对未知的期待，另一部分则是因为第一次体验了发射过程中所有的生理和情绪变化。接下来的三次任务中，发射时的生理感受依然令我激动不已，但我已经能够腾出更多的精力来关注轨道器的性能表现，以及加速和自由落体状态下我自己的反应。

虽然在后来的几次发射中，那种"太厉害了！"的心理感受可能有所淡化，但生理上的震撼却一如既往。坐在火箭顶端，亲身体验飞船加速到8倍步枪速度、精确进入椭圆地球轨道的过程，那真是太精彩了。

㉕ 发射前你在想什么？

我经历过六次发射前的倒数，每次发射之前，我都得系好安全带，在座椅里枯坐大约3个小时。发射控制员做最后的准备工作时，宇航员总是格外关注倒数的时间。在此期间，我们会一再检查清单上的项目，时刻注意飞船的状态。

不过有很长一段时间，我们什么都做不了，只能聆听周围的一切。我会回想整个任务的流程和进入太空后的工作。我们会互相开玩笑，分享以前的发射趣事，尽量保持轻松的氛围。我常常会祈祷，请求上帝保佑我们一路顺风，工作顺利，成功完成任务，祈求家人平安幸福。

㉖ 你对太空飞行的第一印象是什么样的？

第一次发射时我非常激动。经历了发射时剧烈的振动和巨大的加速度以后，我体验到了自由落体那古怪而愉悦的感觉。我和同事齐心协力，将地球观察科学实验室送入了预定位置；然后我立即一头扎进"奋进号"轨道器的中层甲板，忙得晕头转向。

在船舱里工作了一个多小时以后，我终于有空透过舱房的侧窗向外瞄了几分钟。一幅壮丽的日出图景铺展在我眼前，我近乎敬畏地看着缕缕晨光缓缓照亮下方美丽的地球——多么绚丽的色彩！登上地球轨道后，另一件让我惊奇的事情是，我感觉到自己和同船的伙伴是那么亲密。五位伙伴帮助我进入轨道，每一天他们都竭尽所能协助我的工作，与我共同分享太空中的无限乐趣。

㉗ 任务结束后你们还需要接受检疫隔离吗？

我没有接受过任务结束后的检疫隔离，但前三次执行"阿波罗任务"的宇航员从月球回来以后都接受过3周的隔离。科学家担心宇航员可能会将月球上的微生物带回地面。但实际上他们没有发现任何微生物，所以后面三次执行"阿波罗任务"的宇航员在着陆后就立即恢复了自由，现在执行地球轨道任务的宇航员也一样。

未来前往火星探索的宇航员在返回地球后可能也需要接受一段时间的检疫隔离，虽然从理论上说，微生物不太可能熬过火星到地球的这段航程。不过宇航员在返回地球的数月旅程中可能就要开始接受隔离，直到他们返回地球，科学家检查分析了所有来自火星的样品、没有发现任何有害的微生物以后，隔离才会结束。

㉘ 第一个进入太空的宇航员是谁？

1961年4月12日，尤里·加加林代表苏联第一个进入了太空，并完成了轨道飞行。1961年5月5日，艾伦·谢泼德成为第一个进入太空的美国人，他完成了15分钟的亚轨道飞行。1961年7月21日，美国人加斯·格里森也完成了一次短暂的亚轨道飞行，当时他到达的高度正好超过了167千米。1961年8月6日，苏联宇航员戈尔曼·季托夫在地球轨道上待了一天多的时间。1962年2月20日，美国宇航员约翰·格伦环绕地球飞行了三圈。

㉙ 有多少人进入过地球轨道？

截至2015年，共有542人登上过地球轨道。其中由美国送入太空的有344人，位居全球之首。完成过绕月飞行的有24人，而登上过月球的共有12人。若想了解最新的太空旅行者资讯，可以访问：www.wordspaceflight.com/bios/stats.php。

㉚ 需要多大的力量才能让太空发射系统火箭离地升空？

NASA的太空发射系统（SLS）比自由女神像还高，它能将"猎户座"深空载人飞船或其他更重的载荷送入轨道。SLS自重250万千克，能提供380万千克力的推力——比"阿波罗号"登月任务使用的"土星5号"火箭还要强大。这相当于35架波音747巨型喷气式客机的推力，约等于16万台科尔维特发动机或13400个火车头提供的动力。

SLS能将70吨载荷送入轨道。"阿波罗任务"使用的"土星5号"火箭，推力可达340万千克力；SLS的推力比"土星5号"强10%，比318万千克力的航天飞机强20%。

㉛ 太空旅行者在亚轨道飞行中会经历什么？

亚轨道太空旅行者将要经历的振动、噪声和加速度与我在发射过程中体验到的大体相仿。"太空船2号""山猫号"太空飞机和"新雪帕德号"火箭的乘客在短暂的太空之旅中将体验到4g的加速度，不过在像炮弹一样飞向100千米高空的旅程中，他们还将享受到大约10分钟的自由落体状态。

这些旅客将有机会一瞥漆黑的太空，目睹地球弧形的地平线和薄纱似的大气层，俯瞰脚下色彩斑斓的大地，在小小的船舱中体验短暂的失重。但过不了多久，他们又得重新回到座位上，绑好安全带，冲入大气层，最后安全着陆。

第四章 太空飞船

01 火箭为什么能在没有空气的环境下提供推力？

艾萨克·牛顿爵士发现了宇宙中主宰物体运动的三条物理定律。按照牛顿第三定律，作用力与反作用力是成对出现的。换句话说，如果将某个物体投向一个方向，你就会受到反方向的力。

火箭的工作原理也一样。火箭发动机喷嘴向下喷出炽热的气体，提供"作用力"，于是"反作用力"推动火箭飞向天空。火箭产生的推力无须外界的任何助力，它只需要高速喷出炽热的气体，就能产生指向另一个方向的作用力。所以火箭能在真空中工作。

打个比方，你用水龙头给花园浇水的时候，会感觉到自己的手被龙头往后推。解开气球的充气口，空气从里面喷出来的同时，气球也会飞向相反的方向。

02 火箭发动机在太空中点火的时候，你会看到什么、感觉到什么？

我们已经看惯了地球上火箭起飞时的明亮火焰和浓烟，不过在真空的太空中，宇航员很少看到这么壮丽的场景。

航天飞机在轨道上运行时，我们通常只会启动小型助推火箭，一般来说，它每次只会燃烧几分之一秒。这是为了调整飞船的方向或轨道高度。航天飞机拥有44个火箭助推器：其中有38个较大的助推器，每个助推器能产生约

400千克力的推力，另外6个小助推器每个只有11千克力的推力。

在阳光下，我们几乎看不见这些火箭产生的闪光。而在夜晚，宇航员会看见助推器喷嘴处的光芒一闪即逝。尾部较大的助推器会让整个航天飞机轻轻晃动，而位于居住舱正前方的前置助推器点火时，我们会感觉到结结实实"砰"的一下。

我在轨道上见过的最壮观的火箭点火场景是在执行STS-98任务的时候，当时是在夜间，"亚特兰蒂斯号"航天飞机正准备重新进入大气层。为了烧掉前置推进系统里多余的火箭燃料（也是为了平衡航天飞机的重量，更好地完成着陆），我们点燃了多个400千克的助推器，持续了近1分钟时间。长达3米的黄白色三角形尾焰如羽毛般从我们窗前掠过：看起来简直惊心动魄！

---

⑬ 国际空间站需要火箭发动机来维持轨道高度吗？

ISS大部分时间只是在地球轨道上滑行，平均高度约为400千米。在这种情况下，发动机不会工作。不过空间站庞大的太阳能电池板和模块不断地与微小的空气分子发生摩擦，速度逐渐减慢，因此空间站的高度会缓慢而稳定地下降。如果一直这样下去，ISS会慢慢地被拖入地球大气层，最终烧毁。因此，我们需要不时点燃火箭，维持空间站的高度。ISS每年需要消耗4吨火箭燃料来维持轨道高度。

---

⑭ 国际空间站如何接受补给？

ISS小组会通过无人货运飞船来获得水、食物、备件和新的科研设备等补给。NASA与两家公司（轨道科学公司

●航天飞机点燃一对轨道机动系统，调整飞船位置。（NASA）

和太空探索技术公司）签订了合同，由它们派遣自动货运飞船为ISS运送物资，每年大约6次。俄罗斯也会向ISS发送无人货运飞船，大约每三个月一次。

只有太空探索技术公司的"龙"货运飞船能将大量淘汰的设备和科学样品运回地球。"龙"货运飞船配备了隔热罩，因此它能够承受再入大气层的高温，然后它会展开降落伞，在加州附近的海上着陆。其他货运飞船将货物送到ISS后会装上垃圾，一头扎入大气层，最终在空中烧毁。

⑤ 国际空间站的轨道有多高？

ISS的运行轨道离地表大约有400千米。随着地球引力不断将空间站往下拉，它的高度会有细微的变化，但每隔一段时间，火箭助推器又会把空间站重新推回原来的高度。

06 国际空间站有多大?

ISS的大小和一个橄榄球场差不多,包括两头的球门区。国际空间站宽109米,太阳能电池阵列翼展73米,比翼展近67米的波音777-200/300型飞机还宽。ISS重约420吨,比320辆汽车加起来还重。

ISS的大小约是俄罗斯空间站"和平号"的4倍,是20世纪70年代美国天空实验室空间站的5倍左右。国际空间站的内部居住空间大约相当于一幢6居室的房子。

07 在地球上能看见天空中的国际空间站吗?

能。空间站是天空中最耀眼的物体之一——它看起来就像一颗明亮的星星,上面生活着6个人。虽然ISS远在离地400千米的高空中,你依然可以凭借肉眼看到它,不需要借助任何望远镜。它宽阔的太阳能电池阵列和闪亮的铝制结构会捕捉阳光,并将阳光反射到地球上的人们眼里。

日出之前或日落之后的片刻,你最容易发现天上的空间站,此时ISS仍沐浴在阳光中,而地球表面正值黎明或

● ISS的大小差不多相当于地球上的橄榄球场。(NASA)

薄暮。天空中的ISS看起来就像一颗缓慢移动的亮星——你绝不会弄错。不过如果你发现天上有颗星星正在有规律地眨眼，那它很可能是一架飞机！你可以登录NASA的"寻找空间站"网站，查询何时何地能观测到空间站：spotthestation.nasa.gov。

08 **国际空间站是什么时候建造的?**

从1998年到2011年，人类在太空中一块一块地拼起了国际空间站。1998年，STS-88航天飞机小组将美国的"团结号"模块送上太空，与早前发射的俄罗斯FGB货运模块拼装在一起，ISS的建设工作正式开始。2011年，航天飞机将NASA承建的最后一个主要模块永久性多功能舱"莱奥纳多号"送入了轨道。

ISS的工作生活区由15个加压模块组成。美国承建

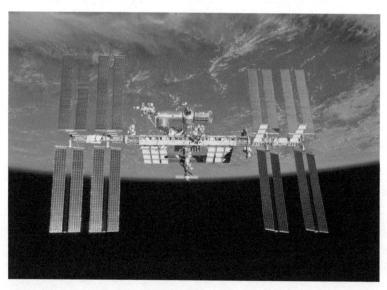

● 2011年，建成后的国际空间站。（NASA）

了其中7个模块："命运号""团结号""寻求号""宁静号""和谐号""穹顶舱号"和"莱奥纳多号"。俄罗斯发射了5个模块："曙光号""星辰号""码头号""搜索号"和"晨曦号"。日本建设了2个模块，即"希望号"实验舱和它的后勤模块。欧洲空间局贡献了"哥伦布号"科学实验室。目前，货运飞船仍在继续为ISS运送新的外围实验设备。俄罗斯计划为国际空间站再增加一个多功能实验模块和一个太阳能模块。

⑨ 组装国际空间站耗费了多少次发射任务？

ISS有40个主要模块，其中包括宇航员的生活区和实验区。为了将机械臂、太阳能电池阵列和支撑它们的桥式桁架送上太空，航天飞机共执行了37次发射任务，俄罗斯也承担了3次任务。

从1998年到2014年，另有113次发射任务将实验设备、人员和货物送往ISS，其中大部分任务由俄罗斯承担。现在，国际空间站每年仍需要执行10～12次发射任务。想了解飞往ISS的发射任务，请访问NASA的"国际空间站知识"网站：www.nasa.gov/mission_pages/station/main/onthestation/。

⑩ 目前，国际空间站的预期寿命有多长？

NASA希望ISS至少能运行到2024年。工程师一直在密切追踪空间站的各种损伤，看起来它正在优雅地老去。

从21世纪20年代中期开始，空间站的某些部位可能会因金属疲劳而出现小裂缝，站内系统或许也会开始崩溃。比如说，我们可能会发现液体泄漏、腐蚀损伤、太阳能电池板老化或发动机磨损。

　　ISS走向生命终点的时候，NASA和合作伙伴将评估有哪些工作模块可以回收利用，我们可能会利用这些剩余物资搭建新的空间站。对于没用或者不再安全的部件，我们可能会引导它坠落在空旷的海洋中，或者用火箭把它推到更高的废物处理轨道上。

⑪ NASA是怎么把宇航员送上国际空间站的？

　　俄罗斯是ISS的主要合作伙伴之一，他们会向NASA售卖"联盟号"火箭上的座位。美国航天局每年大约需要购买6个座位来搭载本国的宇航员以及日本、加拿大和欧洲空间局的合作伙伴。2010年航天飞机将ISS的最后几个主要部件送上太空以后，ISS的定期载人任务全部由俄罗斯承担。美国的太空的士系统可能将于2018年正式启用，在此之前，NASA会继续购买俄罗斯的服务。

⑫ NASA租用俄罗斯"联盟号"运送宇航员的局面还将持续多久？

　　太空探索技术公司和波音公司正在制造载人"龙"飞船和"CST-100星轮"飞船，一旦这些太空的士完成测试正式投入使用，它们将承担飞往国际空间站的定期载人任务。不过NASA仍会租用俄罗斯的"联盟号"运送部分宇航员，因为我们需要空间站上至少有一位美国宇航员懂得如何操纵"联盟号"飞船，以备紧急逃生使用。这样一来，即便美国的太空的士暂时无法使用，NASA的宇航员依然可以和俄罗斯同事一起留在太空站上，靠"联盟号"完成紧急运输任务。出于同样的原因，部分俄罗斯航天员也会

●俄罗斯"联盟号"飞船。宇航员待在中间的降落舱里。（NASA）

驾驶"龙"飞船或CST-100星轮飞船在ISS与地球之间往返。

⑬ 现在有几个国家能将人类送上太空？

目前，只有俄罗斯和中国仍在发射载人飞船。自从2011年航天飞机退役后，美国就暂停了所有载人航天任务，但NASA仍计划通过商业飞船将宇航员送上太空。2018年的某个时间，美国宇航员将从卡纳维拉尔角重新踏上太空之旅。

⑭ 国际空间站是人类搭建的第一个空间站吗？

在ISS之前，人类曾经发射过其他几个空间站。1971年，苏联发射了有史以来的第一个空间站"礼炮1号"。随后美国发射了天空实验室空间站，从1973年到1974年，天空实验室前后迎来了三批宇航员。从1974年到1977年，苏联先后发射了"礼炮3号""礼炮4号"和"礼炮5号"；接下来的"礼炮6号"和"礼炮7号"在太空中工作的时间更长一些，从1977年持续到了1991年。

从1986年到2001年，俄罗斯的"和平号"空间站间歇地迎来了几批宇航员，人类在太空中停留时间的最长纪录正是在这个空间站上创造出来的。"和平号"也为俄罗斯、美国和其他合作伙伴设计建设ISS提供了大量的知识和经验。

---

⑮ 宇航员会在空间站上生活多长时间？

2000年11月2日，国际空间站迎来了第一批访客：比尔·谢泼德、尤里·吉德津科和谢尔盖·克里卡列夫。从那以后，ISS的乘员一直络绎不绝。停留在ISS上的小队被称为"远征队"。你可以在NASA的国际空间站网站上查到实时更新的宇航员的外停留信息：nasa.gov/mission_pages/station/main/index.html。

---

⑯ 航天飞机为什么不能飞到月球和其他行星上去？

航天飞机非常庞大，自重超过100吨。要去往月球或其他行星，航天飞机必须加速到每秒11千米的速度，才能挣脱地球的引力阱。答案很简单，航天飞机装不了那么多燃料，所以无法达到这么高的速度。

航天飞机从最开始就不是为了离开地球轨道而设计的，恰恰相反，它的设计思路是能够抵达近地轨道并完成机动，在这个高度上，它可以利用有限的燃料来发射或回收卫星、组装空间站、修复在轨卫星、发射去往其他行星的探测器，还可以作为科学平台使用。航天飞机是人类有史以来建造的用途最广的飞船，它有机翼和轮子，可以在跑道上着陆，所以能够多次反复使用。

⑰ 航天飞机为什么会在2011年退役？

航天飞机退役是为了让位于新的深空探索任务。2003年，"哥伦比亚号"航天飞机失事后，乔治·W.布什总统下令，等到国际空间站建设完成后，所有航天飞机将从2010年起全面退役。当时我们计划在2012年使用新的"猎户座"飞船将宇航员送上国际空间站，然后在2019年将他们送上月球。那时候，NASA的深空探索目标是建立月球和火星前哨站。

奥巴马总统同意让航天飞机退役，不过他决定跳过月球计划，直接把宇航员送上小行星，以此作为21世纪30年代火星任务的预演。2011年，最后一架航天飞机正式退役。但是因为预算紧张，深空载人飞船"猎户座"飞船和它的发射火箭太空发射系统迟迟未能建造完成。按照目前的进度，"猎户座"飞船最早也要到21世纪20年代初才能将宇航员送上太空。

⑱ 航天飞机轨道器在哪里展出？

目前，航天飞机轨道器"发现号"正在弗吉尼亚州杜勒斯国际机场附近的美国国家航空航天博物馆乌德沃尔哈齐中心展出。"奋进号"在洛杉矶的加州科学中心展出，"亚特兰蒂斯号"存放在佛罗里达的肯尼迪航天中心展览馆，而"企业号"被纽约的"无畏号"海、空暨太空博物馆收藏，这架原型机只做过大气层内的着陆试验飞行。

●本书作者与肯尼迪航天中心展览馆的"亚特兰蒂斯号"航天飞机轨道器合影。(彼得·W.克洛斯)

⑲ 你最喜欢哪架航天飞机轨道器?

  我喜欢我乘坐过的每一架轨道器。"奋进号"是我乘坐的第一架航天飞机——想起来总有几分感伤。1981年投入使用的"哥伦比亚号"是第一架正式服役的航天飞机,有机会搭乘这样一艘历史性的飞船,我深感荣幸。"亚特兰蒂斯号"将我送上国际空间站,并让我完成了三次值得纪念的太空行走。每次去佛罗里达参观"亚特兰蒂斯号"或是去加州拜访"奋进号"的时候,我总是感慨良多。这些飞船就像我的老朋友。"哥伦比亚号"给我留下了非常特别的记忆,在它2003年失事之前,它曾搭载过那么多英雄和我的诸多老友。如果你在旅途中有机会去看看"企业号""发现号""亚特兰蒂斯号"或"奋进号",请千万不要错过。

⑳ 你在太空中飞得有多快？

我在太空中飞行的最快速度大约是每小时28475千米。在我登上国际空间站执行最后一次任务的时候，它的飞行速度大约是每小时27475千米，这大致相当于声速的25倍，也就是25马赫！第一次完成这么高速的飞行后，NASA向我颁发了一枚特殊的徽章。

在这个速度下，ISS每92.7分钟就能围绕地球飞行一圈。空间站上的乘客只需28分钟多一点就能跨越辽阔的太平洋，他们大约每隔45分钟就能看到一次日出或日落。

相比之下，有史以来最快的喷气式飞机"洛克希德SR-71"黑鸟侦察机巡航速度也只有3马赫。

㉑ 宇航员和飞船在太空中达到过的最高速度是多少？

人类在太空中的最高速度由"阿波罗10号"的宇航员创造。1969年5月，从月球返回地面的旅程中，再次进入大气层之前，他们达到了每小时40161千米的惊人速度。

离开地球速度最快的人造机器是"新视野号"飞船，2015年7月，它到达了冥王星。2006年，这艘飞船离开地球时的速度是每小时59000千米。

目前速度最快的飞船是1974年发射的"赫利俄斯1号"和1976年发射的"赫利俄斯2号"。越过离太阳最近的水星轨道后，在强大的太阳引力作用下，这两枚探测器的速度达到了每小时250000千米以上。

㉒ 目前NASA正在建造什么新火箭？

为了将宇航员送上国际空间站，NASA正在雇用商业公司建造"太空的士"，例如载人"龙"飞船和"CST-100

●我完成第三次航天飞机任务STS-80以后，全体机组人员与"哥伦比亚号"合影。（NASA）

●执行航天飞机任务的NASA宇航员在达到25倍声速后会获得这枚徽章。（NASA）

星轮号"。运送这些飞船上天的火箭（例如"猎鹰9号"和"擎天神5号"）同样由商业公司负责建造。从21世纪20年代开始，这些的士将为NASA运送宇航员进入近地轨道。

为了将宇航员送往更深的太空，NASA正在测试太空发射系统（SLS）火箭。这种火箭分为两级，两侧各有一对巨大的固态燃料助推器。SLS能将三位宇航员送往月球轨道或者运送他们飞越月球，或者将70吨货物送上近地轨道。2018年，SLS将搭载"猎户座"飞船（不载人）进行首次绕月飞行测试。

㉓ 太空发射系统（SLS）跟"土星5号"月球火箭比起来怎么样？

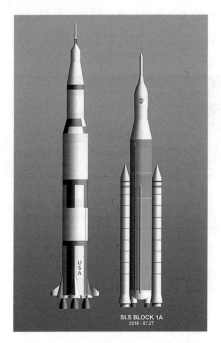

● "土星5号"火箭（左）和2018年计划发射的太空发射系统比较图。（Alex Conner Brown）

第一代SLS火箭高98米,而将宇航员送往月球的"土星5号"火箭高度为110米。下一代运载能力更强的SLS火箭高度将达到117米,比"土星5号"月球火箭还要高6米左右。相比之下,航天飞机竖起来的高度只有56米,自由女神像的高度是93米。

㉔ 太空发射系统比航天飞机更强大吗?

是的。第一代SLS火箭起飞时能产生380万千克力的推力,"土星5号"火箭的推力是340万千克力,航天飞机推力则是318万千克力。SLS能将70吨的载荷送入近地轨道,而航天飞机的有效载荷只有24吨出头。这70吨送入近地轨道的有效载荷中包括了能将货物或"猎户座"飞船送往深空的另一级火箭。下一代货运版的SLS火箭将产生417万千克力的推力,能将130吨货物送入轨道。

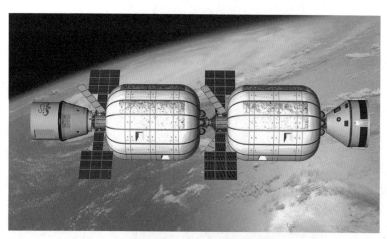

●艺术家绘制的毕格罗宇航公司"阿尔法"空间站概念图。(毕格罗宇航)

㉕ 未来有哪些计划中的空间站?

中国计划在2020年之前将他们的"天宫2号"空间站送入轨道(已于2016年9月15日发射成功)。这个空间站能让三位宇航员在太空中最长生活20天。21世纪20年代,中国还计划发射更大的"天空3号",它的设计寿命长达10年。

2015年,俄罗斯空间局宣布,他们将于21世纪20年代建造新的空间站,其中部分组件来自他们发射到国际空间站的较新模块。

美国的毕格罗宇航公司正在计划发射商业性太空站"阿尔法号",它将由充气式的生活模块组成,宽6.7米。这个空间站可以接待游客,也可以租借给工业或商业客户。

㉖ 目前计划中的私人飞船有哪些,它们什么时候能发射?

正在研发中的私人亚轨道飞船包括环宇太空公司的"山猫号"、维珍银河公司的"太空船2号"和蓝色起源公司的"新雪帕德号"。这些太空飞机或飞船都能达到100千米的高度,在太空边缘停留15～30分钟。

两家美国宇航公司正在为国际空间站任务建造商业性的太空飞船。太空探索技术公司的载人"龙"飞船和波音公司的"CST-100星轮号"都能将宇航员送上国际空间站,并在空间站的对接口停留最多6个月,然后返回地球。这两艘飞船与ISS对接后都能作为逃生舱使用。太空探索技术公司宣布,他们的载人"龙"飞船升级后能够登陆火星,不过需要换装更好的隔热罩、更大的降落伞和更强的着陆火箭。

●波音公司的"CST-100星轮号"商业太空的士模型。（NASA）

㉗ 我们计划用什么飞船将宇航员送往深空？

　　"猎户座"飞船是NASA的多用途载人飞船，我们计划在21世纪20年代初让宇航员乘坐这艘飞船越过近地轨道，进入深空。"猎户座"将执行绕月任务、飞往月球轨道上的小行星或者飞往月球以外约48280千米处的引力平衡点，即L2拉格朗日点。在L2点上，飞船只需要消耗很少的燃料就能停留在月球外侧。

　　如果装上额外的深空宇航生活舱、备用发动机和推进剂舱，"猎户座"飞船就能到达离地球数百万千米外的目的地，例如近地小行星。未来的载人火星任务也可能会用到"猎户座"飞船。

(28) 要飞往月球、小行星或火星，我们还需要其他什么类型的飞船？

要到达389000千米外的月球、附近的小行星或者火星（它离我们至少有5700万千米），除了"猎户座"以外，我们还需要一些新的飞船。

要到达近地小行星，"猎户座"飞船需要一个居住模块来提供更大的空间、装载补给和维生系统。要完成太空机动，它还需要额外的推进单元，其中包括更多的推进剂舱和发动机。要是我们想再次登陆月球甚至登陆火星，那我们还得建造火箭驱动的着陆器。工程师认为，到2040年左右，远航火星需要的所有技术才能准备完毕。

●艺术家绘制的概念图，核动力载人火星远征队正准备离开地球轨道，飞往红色星球。（NASA/约翰·弗拉萨尼托及其同事）

(29) 其他国家正在计划建造哪些飞船？

俄罗斯和中国都计划在21世纪20年代末建造登月飞船，但两个国家都没有宣布确切的时间。俄罗斯计划在21

世纪20年代用"新一代载人运输飞船"取代目前的"联盟号"。新飞船还将承担俄罗斯未来的登月任务。中国宣布将在21世纪20年代用"神舟号"飞船和目前仍在设计中的登陆器将宇航员送上月球。

印度也正在计划将宇航员送入太空。2014年12月，印度对小型载人飞船"轨道飞行器号"进行了无人飞行测试。

㉚ 我们知道该怎么去往月球、小行星和火星吗？

从1969年到1972年，美国的阿波罗计划成功地将12位宇航员送上了月球表面，所以我们当然知道该怎么去往自己的天然卫星。

每隔一段时间，近地小行星就会运行到离地球只有几百万千米的位置。到达某些小行星消耗的燃料应该比往返的登月飞行更少。大部分近地小行星的直径不到2千米，

●商业太空的士载人"龙"飞船。（NASA）

它们的引力非常微弱，所以飞船可以直接停靠在小行星旁边，不需要独立的登陆舱。

相比之下，登陆火星就是个大挑战了。飞往火星需要6到9个月时间。火星大气非常稀薄，飞船无法利用降落伞安全着陆；虽然火星的引力只有地球的三分之一，但我们仍需要火箭来辅助完成最后的着陆。目前，工程师还没有设计出能让沉重的飞船和宇航员安全降落到火星地表的着陆系统。

㉛ 游客能去空间站玩吗？

可以，但要花很多钱——每次旅行将耗费5000万美元以上。俄罗斯向私人太空旅行者售卖了"联盟号"飞船上的一些座位，运送旅客前往国际空间站。这些收入可以用来支持他们的太空计划。2001年，ISS迎来了第一位私人旅客丹尼斯·蒂托。未来，美国商业太空的士公司的飞船从佛罗里达州卡纳维拉尔角开始发射以后，游客们或许会得到更多太空旅行的机会。

㉜ 我能去太空里度假吗？

两家美国公司——波音公司和太空探索技术公司——都承诺说，未来旅客可以搭载它们新研发的太空的士前往空间站，但目前价格尚未公布。这些飞船或许不能将你送上国际空间站，但你可以去其他私人的太空站，例如充气式的"毕格罗阿尔法"空间站，享受一周甚至更长时间离开地球的自由假期。私人太空旅行的价格最初可能十分昂贵，不过随着更多公司加入竞争，运送游客和货物的价格都会逐渐下降，或许最终大众也能承受。

第五章　太空求生

01　在太空中你如何判断上下？

　　在自由落体的失重环境下，你可以自己选择哪边是"上"，哪边是"下"。你的脑子会愉快地接受这样的主观选择，无论窗外的地球位于哪个方向。大部分宇航员选择把自己头冲着的方向当成是"上"。所以每时每刻，每位宇航员心目中的"上方"很可能各不相同。

　　在我执行前两次航天飞机任务的时候，我们的轨道器"奋进号"在完成地球观察任务时通常是头朝地球颠倒飞行的。船舱的天花板和顶窗都正对地面，所以船舱里的我们也是"头上脚下"的。以这样的姿势，我们可以更好地观察下方的科学目标。当我们飘浮在阳光房似的窗户附近时，头顶高悬的美丽星球完全不会干扰我们的认知。在我执行第四次任务的时候，"亚特兰蒂斯号"与国际空间站对接后，地球出现在熟悉的位置——空间站甲板下方。无论是哪种情况，我们都一样高兴。

02　什么是自由落体状态？

　　虽然"自由落体"和"失重"两个词描述的是同样的状态，但前者更加准确一点。"自由落体"描述的是物体仅受重力作用时的运动状态——没有摩擦力，没有空气阻力，也没有张力或其他任何作用力。

　　牛顿第二运动定律和引力定律告诉我们，在自由落体状态下，所有物体都以同样的加速度坠落，无论它的质量（在地球上，我们通常称之为"重量"）是多少。地球轨道上的飞船处于自由落体状态：事实上，飞船、船上的乘员和所有物品都在朝地球坠落。如果摩天大楼里的电梯突然失控坠落，电梯里的人也会尝到同样的滋味。电梯里的所有人和物品都会"飘起来"，因为你们都被赋予了同样的加速度。幸运的是，自由落体状态下的宇航员绝不会一头撞上电梯井底。

③ 自由落体状态下的宇航员为什么会飘起来？

有时候我们会用"失重"来形容这种状态，没有任何物体接触你的身体，你也不会受到任何推力或拉力。自由落体状态下的人们时时刻刻都能品尝到失重感。飞船绕地球飞行时，船舱内的宇航员始终处于自由落体状态——他们真真正正地正在绕着地球坠落。

想象一下，你在游乐场里玩跳楼机。当你从高塔顶端往下坠落的时候，地球引力赋予了你和你屁股下面的座椅同样的加速度；由于你和椅子的加速度相同，所以它不会支撑你的屁股，也不会对你的身体施加任何作用力。你会感觉自己像是飘浮在椅子上一样——"失重"——哪怕实际上，你和座椅都受到了地球的引力。

④ 自由落体状态是什么样的？

进入自由落体状态的感觉十分难忘。随着发动机关闭，加速度带来的重压瞬间消失，你感觉自己的身体飘了起来。再没有任何力量将你紧紧地压在座椅上，你很快就会觉得自己在安全带的束缚下轻轻"浮"了起来。地球上最接近自由落体状态的感觉大概是仰面漂浮在温暖的水池里，除了水以外，周围没有任何物体触碰你的身体。你觉得自己轻飘飘的。这样漂浮在水中的时候，我常常会仰望天空，假装自己正在凝视地球上蔚蓝的海洋。你也可以试试看！

05 自由落体状态为什么会让人恶心想吐？

你的内耳里有一个名叫耳石的小器官，它帮助你控制身体的平衡。生理学家认为，在轨道上的自由落体状态下，耳石传来的方位信号会与你的眼睛看到的上下方位产生冲突，于是大脑就会犯迷糊，让你感觉恶心想吐。

进入自由落体状态后，大约有三分之一的宇航员不会出现异常反应，还有三分之一的人会有点不舒服，另外三分之一的人则会感觉一阵阵恶心。随船医生将这种情况命名为"太空适应综合征"，它还有个更常见的名字，"晕太空"。幸运的是，一些药物能够迅速消除恶心反胃的感觉，效果很好。

在我第一次执行任务时，起飞后不久我就感觉有点恶心，不过打了一针以后我就感觉好多了，胃口也很快恢复了过来。下一次发射前，我在发射台上等待的时候提前大约1小时用了同样的药，从那以后我就再也没有晕过太空了。

06 适应太空环境需要多长时间？

大部分宇航员在两三天后就会适应自由落体状态。自由落体状态下，飘浮的不光是你周围的物品，还包括你体内的所有东西！比如说，失去了重力的牵引，你的体液——血液和淋巴——不再自然流入双腿和下半身，于是更多体液聚集在头部，你的头会肿胀起来，脸变得红扑扑的，鼻子堵得厉害，可能还会出现轻微的头疼。身体会努力排出上半身"多余"的液体，所以你上厕所的次数也会增多。不过一旦体液重新恢复平衡，飘浮的感觉就不会再干扰你，你可以专心应付手头的工作和太空生活的日常事务。在太空中生活两天以后，我甚至有些忘记了自己正在自由坠落。

⑦ 自由落体状态会对你的身体产生什么影响？

身体需要几天时间来排出"多余的液体"，你体内的血量会减少大约1升；完成了这一步以后，你的身体就会愉快地适应自由落体状态。体液重新平衡后，你的腿会变细一点点，宇航员戏称为"鸡腿综合征"。鼻塞的症状还会持续一周左右，有时候可能引发头疼。摆脱了重力的束缚，你的脊柱会伸长大约2.5厘米，这会拉扯背部下半部分的肌肉，你可能会觉得背部有些僵硬，有时候甚至有点疼。

失重还会导致骨骼内的钙流失，每个月你会损失大约1%的骨重。你的心脏和肺也会变懒，不过定期锻炼有助于保持心肺功能。除此以外，你的免疫系统也会松懈下来，不再积极地应对感染。科学家正在深入研究国际空间站上的宇航员身体状态，希望能找到合适的策略，帮助未来执行火星远航任务的宇航员保持身体健康。要想飞往火星，宇航员必须在自由落体状态下生活一年左右，甚至更久。

⑧ 自由落体状态下你如何移动，如何固定身体？

在失重的飞船内部移动一点也不费劲儿。空间站上的宇航员能够熟练地穿过舱房，他们只需要用手指轻轻一按，或者动一动手腕，就能从船舱的这头飘到那头。你不需要思考该用多大力气——跟着感觉走就好，就像在地球上穿过房间那样自然。

在电脑或实验设备前工作的时候，或者在厨房里吃饭的时候，如何舒适地稳定自己的身体，这才是更大的挑战。我们可以把脚套在地板（或天花板）上的扶手里，也可以用脚趾钩住固定在嵌板上的绳圈。在跑步机上锻炼的时候，你需要套上与跑步机相连的肩带和腰带，它会将你的身体固定在跑道上。

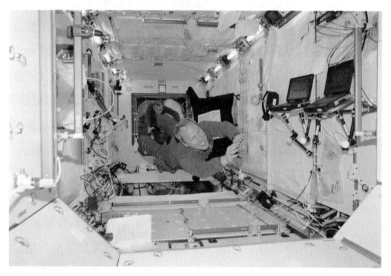

●本书作者在ISS的"命运号"实验室走廊里滑行。请注意，四面墙壁上到处都有扶手。

⑨ 地球上有什么地方可以体验类似自由落体的感觉吗？

地球上最真实的自由落体体验来自NASA的麦克唐纳-道格拉斯C-9试验机，它的昵称叫作"失重奇迹"。C-9的前身是著名的波音KC-135型飞机，昵称"呕吐彗星"，因为这架飞机连续做出自由落体机动动作时，乘客经常吐得一塌糊涂。

C-9起飞后会做几个俯冲动作完成加速，然后猛地向上爬升，拉出一个流畅的弧度"跨越巅峰"；紧接着飞行员会高速向下俯冲。这一套爬升-俯冲的动作就像坐过山车，或者说像是炮弹在空中划出的弧线。机舱内的乘客会经历20～25秒的自由落体状态，然后飞行员会再次大角度爬升-俯冲，这个循环将重复40次。

你也许觉得跳伞运动员也能体验到自由落体，但实际上，在空气阻力的作用下，跳伞者的坠落速度会逐渐稳定下来，最终达到稳定的降落速度。虽然跳伞者能够享受到自由飞翔的感觉，但这并不是真正的自由落体。

⑩ 自由落体状态下的宇航员可以尝试哪些有趣的事情？

你可以将双腿蜷缩在胸前，团身后空翻——而且永远

●日本宇航员野口宗千在国际空间站的美国"命运号"实验室外工作。（NASA）

不会停下来！你还可以像超人一样以极快的速度穿过国际空间站里的舱房，记得要尽量准确地穿过两间舱房之间的接口。请朋友帮忙，让你的身体飘浮在ISS的某间舱房中央——远离所有扶手——然后你可以试着推动自己的身体去够某个支撑点。你可以像蝙蝠一样倒挂在天花板上吃饭，像鸟儿一样去"啄"飘在空中的食物，或者用自制的"吹枪"把麦乳精球射到朋友张开的嘴里。你可以小心翼翼地从饮水袋里挤出一个橙子大小的水球，然后吹着它在舱房里飘浮。晚上休息的时候，你可以睡在墙上或者天花板上。你还可以倒立着上厕所哦！

---

⑪ ISS内部的空气成分和地球上的一样吗？

ISS的维生系统会将21%的氧气和79%的氮气混合在一起，所以舱内空气成分和地球上的大致相仿。不过这套系统省掉了地球上的一些微量气体，例如氩气和二氧化碳。

氧气和氮气储存在"寻求号"气闸外的高压气罐和俄罗斯"进步号"货运飞船送来的备用储气罐里。气罐会定期开启，为空间站补充船员消耗掉的氧气和氮气，以及宇航员出舱行走时通过气闸逸散的空气。维生系统会过滤掉船员呼出的水蒸气和二氧化碳，其中水蒸气会回收用于制造饮用水和氧气，二氧化碳要么做废弃处理，要么与回收的水汽一起用来制造新的氧气。

---

⑫ 太空中的宇航员从哪里获取氧气？

一位宇航员每天需要消耗0.8千克氧气。如果任务时间较短，比如说只有几周，那么维生系统可以直接混合罐

76

内储存的氧气和氮气，为宇航员提供可呼吸的空气。事实上，我们并不需要氮气来维持呼吸，加入氮气只是为了减少纯氧环境下的火灾风险。

在国际空间站（ISS）上，这些气体都储存在高压罐里，按需供给。除此以外，为防万一，空间站上还存放着俄罗斯提供的罐装固体高氯酸锂，这种化学物经过简单的处理就能释放出热和气态氧。

为了节省从地球运来的氧气，ISS的维生系统会利用空气中的水蒸气和宇航员"贡献"的尿液来制造氧气。沙巴提耶反应器能把回收的水和宇航员呼出的二氧化碳转化成氧。

● ISS的氧气和氮气储存在"寻求号"外的白色高压罐里，气罐左侧有水平的栏杆。（NASA）

(13) **你们如何调节国际空间站内的温度？**

太空中的环境十分严苛，阳光直射时，空间站外的温度高达250 ℉（121℃），而到了晚上，温度会下降到-200 ℉（-129℃）。空间站外覆盖着一层白色或银色的材料，可以反射阳光，减少渗入站内的热量。整个船体外面都包裹着一层隔热罩，以降低外界温度变化对舱内的影响。

而在ISS内部，电子设备和船员的身体散发的热量很快就会让舱内变得过热，所以温控系统必不可少。冷却水在设备配件之间循环，空调系统持续不停地工作，带走舱内多余的热量。变热的水被泵入热交换机，充氨管道会将热量送往空间站外的散热板，最终排放到空旷的太空中。

(14) **国际空间站内的温度是多少？**

ISS内部始终保持72 ℉（22℃）左右的恒温，温暖如春。宇航员可以利用笔记本电脑上的维生系统软件控制舱内温度和湿度，任务控制中心也会持续监测舱内环境。

我去空间站执行任务的时候，我以为空间站里面会比航天飞机的机舱暖和舒适一点儿。当时我舒舒服服地穿着polo衫和长裤。可是当我在空间站新装好的"命运号"实验室里睡觉的时候，因为空调系统实在太过强劲，结果我不得不在睡袋外面裹了件毛衣来保暖。

(15) **你们在太空中是怎么发电的呢？**

在太空中，要维持船员的生存和实验设备的运转，电力至关重要。我们从地球上带去的电池可以供电，但它们实在太沉，而且不充电的话只能用几天。不过太空中的太阳能十分充沛，所以空间站配备了巨大的太阳能电池阵列。

ISS上的太阳能板表面积有大约4000平方米，它们能提供75～90千瓦的电能，可以维持空间站运转、给电池充电——要知道，空间站每绕轨一圈都有大约45分钟时间晒不到太阳，这时候只能依靠电池提供能量。

"双子号"飞船、"阿波罗号"飞船和航天飞机都靠燃料电池提供电能，这种电池能把储存的氧和氢转化为电和水。有的行星探测器离太阳的距离太远，难以利用太阳能，所以它们会利用放射性钚产生的热量来发电。未来的火星往返飞船可能会使用核反应堆来供电。

---

⑯ 太空中有噪声吗？

虽然设备内部的隔音层会消除部分噪声，但国际空间站里依然充斥着空气循环系统的风扇和冷却泵里的液体产生的背景"白噪声"。长期生活在这样的环境下，宇航员的听力可能受到损伤。

宇航员可以佩戴耳塞或降噪耳机，居住舱里也有隔音设施。宇航员在居住舱里戴着耳塞睡觉，让耳朵有机会休息恢复。宇航员也会定期接受听力计测试，以便及早发现听力损伤并加以预防。

宇航员会定期向任务控制中心发送噪声计读数，让地面人员随时跟踪掌握空间站内的噪声情况。噪声等级的变化可能意味着某个风扇或泵出了故障，甚至船体发生了泄漏。

---

⑰ 宇航员在太空中会觉得拥挤，或者感觉幽闭恐惧吗？

国际空间站内的实验室和居住空间加起来共有916立

方米，大约相当于一架波音747飞机的机舱。宇航员有足够的活动空间，而且他们可以随时透过穹顶舱的窗户眺望1600千米外的地平线。

"联盟号"飞船内部的居住空间只有4立方米，你坐在船舱里的时候，膝盖必须蜷缩起来顶在胸口。"猎户座"和近地轨道太空的士比"联盟号"宽敞一点儿，不过宇航员依然可以住得很舒服。

上天之前，我们在航天飞机模拟器里训练过无数次，我也曾在空军B-52轰炸机的驾驶舱里度过了好几百个小时，所以飞船内部的狭窄空间对我来说完全不是问题，我也从来没有感觉到过拥挤。

---

⑱ 宇航员会想家吗？

在太空中我忙得没有时间真正去想家，虽然我知道自己离家万里。而且每周我都会和妻儿通过无线电或视频通话，这也能帮助缓解思乡之情。

执行长达数月的任务时，宇航员当然会想家，就像那些远赴海外工作的人一样。电子邮件和视频通信非常重要，它可以帮助我们对抗孤独感。不过在目前，ISS宇航员不当值的时候随时都能和地球通话，和家里保持密切的联系，这是我们对抗思乡病最有力的武器。

---

⑲ 宇航员在太空中会感觉无聊吗？

在我执行航天飞机任务的时候，我根本忙得没空去无聊。不过空间站上的宇航员需要在轨道上待好几个月，他们确实会感觉无聊或沮丧。在未来的深空探索任务中，预防无聊的最佳方式是为宇航员安排有意义的工作，让他们能够全情投入，例如科学研究、天文观察以及分析从其他行星收集到的样本。

---

⑳ **宇航员在太空中会感觉累吗？**

宇航员在太空中努力工作，这是一种全身心的考验。我执行轨道任务时每天工作16个小时，其中包括准备工作、吃饭、收拾家务、锻炼和完成任务后的放松活动。我的肌肉的确会累，尤其是在太空行走以后，不过我觉得疲累主要来自精神紧张。为了尽快恢复，我尝试每天保持六到七小时的睡眠。太空中的工作要求十分严苛——以前我从未持续这么长的时间在极大的压力下追求完美。虽然每次任务的过程都十分愉快，但我仍然期盼着陆后的假期。

㉑ **每次太空任务一般需要多长时间？**

一般来说，ISS的宇航员需要在太空中停留大约六个月。从2015年3月开始，NASA宇航员斯科特·凯利和俄罗斯太空人米哈伊尔·科尔尼延科在ISS上开始了为期一年的实验，他们此次任务的目标主要是研究人类在太空中的健康情况、耐受力和各方面表现，为未来的火星之旅奠定基础。

航天飞机任务通常需要10天到2周时间。时间最短的航天飞机任务是STS-2，它一共持续了2天6小时13分钟。最长的则是我的第三次任务，由"哥伦比亚号"执行的STS-80——这次任务长达17天15小时53分钟。

㉒ **为什么牛皮胶布在太空中很重要？**

牛皮胶布（或者说灰胶布）真是个不可或缺的好东西，

它能够帮助宇航员解决工作和生活中的很多问题。柔韧的牛皮胶布在太空中有很多用途。

下面我列出了牛皮胶布的十个用途：

○返回地球时你可以用牛皮胶布来密封装设备的袋子。

○牛皮胶布可以用来密封、加固装满了厨余垃圾的塑料袋。

○固定船舱内外弯弯扭扭的缆线。

○修复损坏的设备。

○清理实验室空气过滤器进风口的线头。

○制成标签贴在储存袋或柜子外面。

○固定电脑存储卡或USB记忆棒。

○你可以在重要的开关或者控制按钮上贴一截牛皮胶布，做上记号。

○在地板上粘贴新的绳圈，当成扶手使用。

○你可以把散落的食物碎屑粘在牛皮胶布上，然后卷起来扔掉。

起飞前我们通常会在柜子里放上两三卷大号牛皮胶布。我的同事开玩笑说，牛皮胶布用完的时候，我们就该回家了。除了牛皮胶布以外，ISS船员也会使用黏性没那么强的聚酰亚胺胶带，它不会留下难以清除的胶渍。

㉓ 与"天空"实验室、"礼炮号"及"和平号"相比，国际空间站有哪些改进？

国际空间站吸取了"天空"实验室、"礼炮号"与"和平号"空间站的大量经验教训。"礼炮号"能容纳两名乘员，"天空"实验室与"和平号"都能容纳三位船员，而ISS足以搭载六位以上的宇航员。ISS拥有8个居住舱、2个卫生间、1个迷你健身房、2间厨房和1个环绕式凸窗。ISS也可以让宇航员在船舱内外完成更加复杂的实验，这一点以前的任何空间站都做不到。

ISS至少还能继续运行到2024年。空间站上做出的发现可以改善人类在地球上的生活，我们也可以在这里测试新的技术，为深空探索之路打好基础。要了解这方面的更多信息，你可以访问NASA的"空间站科研技术"网站：nasa.gov/mission_pages/station/research/index.html。

第六章 太空生活

01 国际空间站上的厨房在哪里？

　　和船舰一样，ISS上也有厨房，宇航员们在这里烹调用餐。

　　ISS俄罗斯"星辰号"模块配备的厨房里有饮水机、食物加热器、餐具和清洁用品。空间站中央通道下方几米外就是美国的"团结号"模块，这个模块内设置了厨房和食品间，里面存放着早餐、甜点、零食、意大利面、肉和鱼

● ISS船员聚集在"团结号"模块的厨房里用餐。（NASA）

做的主菜、配菜、蔬菜、汤和饮料。

NASA的宇航员围在一张小桌子旁边，用饮水机和食物电加热器来准备自己的餐点。船员还可以把自己的饮水袋放进小冰箱里冻一会儿。空间站上不需要椅子，也不需要餐刀：宇航员毫不费力地飘浮在桌子旁边，他们只需要用剪刀剪开食品袋，然后用勺子舀着吃就行了。魔术贴和橡皮筋会把食品袋固定在桌上。

"猎户座"飞船上也有个小厨房，为持续数周的任务提供餐点。"联盟号"、载人"龙"飞船和"CST-100星轮号"之类的近地飞船只需要一两天就能到达ISS，所以船员不需要完整的厨房——他们可以在飞船里凑合吃点预包装食品，等到登上空间站再好好吃一顿。

㉒ 国际空间站是怎么储存食品的？

ISS的任务和未来的深空探索任务都需要花费几个月时间，我们必须妥善储存食品以防变质。冰箱和冷库可以为食物保鲜，但它们会消耗大量电能，所以我们最好想点办法利用运行中的实验设备或者飞船上其他必不可少的系统来保存食物。

NASA想了几个办法来为食物保鲜。冷冻干燥法能够去除食物中的水分，预防细菌滋生；不过在食用前，宇航员需要往塑料袋里加水，让食物重新吸收水分。另一种保存食品的方法叫作热稳定法，食物被封入铝箔袋里，然后经过高温高压处理，杀死里面的细菌。第三种消灭细菌的方法是利用辐射源照射包装好的食物。

03 宇航员吃饭的时候用盘子吗？

  国际空间站上的宇航员吃饭和喝水都直接用一次性的塑料或铝箔容器——所以他们不用洗碗！在太空中吃饭的时候，我偶尔会用带魔术贴的金属托盘来放食品袋。不过食品袋上的魔术贴也可以直接粘在舱壁或衣服上面。厨房的桌子上还有磁性的剪刀和勺子。

  一般来说，我吃饭的时候每次最多打开两个食品袋，而且还得多加小心，以免食物飞得到处都是。一次打开两个以上的袋子完全就是自找麻烦——厨房一定会变得一团糟。你可以吃完两袋以后，再打开另外两袋。在地球上，你可以把所有喜欢的食物都放在一个盘子里慢慢享受，这真是简单又难得的快乐。

04 飞船上有冰箱或者冷库吗？

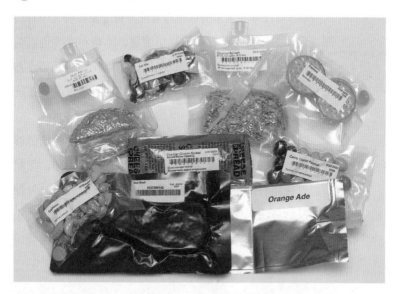

●空间站上的感恩节大餐，从左到右分别是：蔓越莓果酱、夹馅玉米面包、烟熏火鸡、茶和冻干草莓。只需要一把剪刀和一把勺子，你就可以尽情享受这顿大餐了。（NASA）

●在ISS美国"团结号"模块的厨房里，大家把一餐的食物摆在桌子上。（NASA）

只有一个用来冻饮料的小冰箱，不过宇航员有时候会收到货运飞船送来的冰激凌，装在医用研究冻库里。冰激凌很快就会被消灭掉，然后船员把血液、尿液和其他生理样品装入冻库，送回地球供科学家研究。

⑤ 哪些国家为国际空间站供应食物？

NASA为自己的宇航员和欧洲、日本、加拿大的合作伙伴提供所有食物。这些伙伴也能吃到祖国通过货运飞船送来的美味。

俄罗斯航天局会用"进步号"货运飞船和"联盟号"飞船为自己的太空人运送食物。

空间站上的船员可以自由地交换食物，尤其是大家聚在一起吃饭的时候。多样的菜单会增加一点进餐的乐趣，所以宇航员喜欢和朋友分享喜欢的食物、尝试新的口味。

NASA为宇航员提供了180多种食物和饮料，俄罗斯又增加了100多种，所以ISS的宇航员可以每餐换着花样吃。

06 在这几十年里，航天食品有哪些改进？

与阿波罗时代的果珍和小块培根相比，现在的航天食品实在是好多了。进入航天飞机时代以来，食物保鲜技术的进步让航天食品的质地和风味都变得更加多样。今天的宇航员可以从更丰富的菜单里选择每天的食物。

大约在发射前5个月，宇航员会挨个品尝菜单上的所有食物，拟定自己每天的菜单，菜品的种类大概每十天才会重复一次。上天以后，你还可以随时吃点零食，或者从厨房的食品间里找别的食物来换换口味。

装在滴管里的盐水和油封胡椒粒是空间站上的调味圣品，你还可以往菜里加小袋的番茄酱、芥末、墨西哥辣酱、玉米卷、皮肯特酱或者牛排酱。

货运飞船每隔两三个月就会运来一批新的食物，丰富宇航员的菜单。不过令人悲伤的是，你无法在太空中以"熟悉的方式"享受比萨或汉堡。

07 在太空中你最喜欢哪种食物？

我喜欢的食物包括早餐玉米煎饼、科纳咖啡、巧克力布朗尼、烟熏扁桃仁、红糖燕麦、墨西哥薄饼夹烤鸡肉、冻干草莓、巧克力布丁、千层面、肉酱意大利面、冻干芦笋、鸡肉辣酱、奶酪通心粉、煎牛排和烧烤牛肉片。

我经常把航天食品比作野餐。航天食品常常是脱水保存的，或者装在铝箔容器里，这样更容易加热、食用，但吃起来却没有在家里那么满足。我想念新鲜蔬果和沙拉的

●本书作者正在吃"飞翔的鸡肉三明治"，经过辐射灭菌的鸡肉涂上皮肯特酱，夹在两片暖烘烘的墨西哥薄饼中间。（NASA）

口感和风味，还有多种食物在盘子里散发出的混合香味。

⑧ 你可以把自己喜欢的食物带到天上吗？

国际空间站上的宇航员可以申请自己喜欢吃的零食，地面人员会准备好你要的东西，下次货运飞船或者太空的士（例如"联盟号"、载人"龙"飞船和"CST-100星轮号"）来送货的时候，你要的东西就会和新鲜的食物一起送上来。

我们小队里的每位宇航员都可以申请一样自己喜欢的食物，NASA的营养师会把它添加到航天飞机的新鲜食品储存柜里。有位宇航员挑了巧克力饼干，确实很好吃，但碎屑会到处乱飞；还有位同事带了满满一塑料袋的瑞士巧克力块。我挑的零食是我小时候最喜欢吃的——纸杯蛋糕和另一种可以当点心吃的小蛋糕。这些食物在室温下能储存很长时间，而且比较湿润，所以产生的碎屑比较少。我每天都会吃一个小蛋糕，还会用多余的蛋糕跟别人交换。

在我乘坐航天飞机飞往ISS那次，我们小队点了马里兰蟹汤，营养师将它冻干后分装在一个个独立的包装袋里。蟹汤辛辣的风味大受欢迎，所以我们返回地球的时候还特地给空间站上的宇航员留了一部分。

---

09 宇航员在太空中会长胖吗？

我自己肯定是没胖。ISS的冻干/热稳定食品和便于食用的坚果、干水果共同为宇航员提供了平衡的膳食，每位宇航员每天会摄入1900～3200大卡的热量，具体取决于各自的性别和体形。

这么多热量，看来大家真是吃得不少，但ISS上的宇航员每天都会做高强度运动，工作也十分繁忙，再加上航天食品的风味和口感始终比不上地球上的新鲜食物，所以很多人都会变瘦一点儿。在国际空间站上生活6个月以后，男性宇航员平均减重2～4千克，女性平均减重1.3～3.2千克。执行短期任务的宇航员体重通常不会出现大的变化。我在发射前和返航后的体重差通常只有1千克左右。

---

10 自由落体状态下的宇航员如何称量自己的体重？

在自由落体状态下，宇航员的体重实际上应该是零，但他的质量却不会改变。在太空中称出质量后，他们就能算出自己在地球上的体重应该是多少。随船医生会要求宇航员定期称量体重，以确保他们在国际空间站停留的6个月中身体健康、饮食正常。

空间站上有一台名叫"空间线性加速度测量设备"

（SLAMMD）的仪器，宇航员可以用它来测量体重。SLAMMD的运作原理是牛顿第二运动定律（$F=ma$），它通过两根弹簧向宇航员施加已知大小的力，然后测量由此造成的加速度，最终算出宇航员的质量，误差在250克以内。俄罗斯也有一种测量体重的设备，宇航员可以站在一个类似弹簧单高跷的平台上来回摇晃，仪器就会测出你的质量。

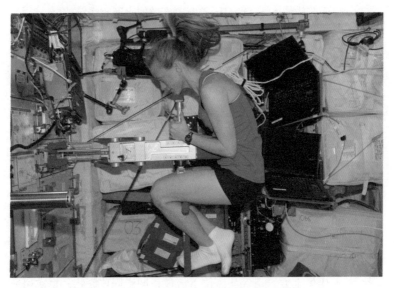

●宇航员凯伦·奈伯格正在使用ISS上的SLAMMD测量自己的体重。（NASA）

⑪ 国际空间站的供水系统和水回收系统是什么样的？

　　每位宇航员每天大约需要水3.5千克。也就是说，每位宇航员一年要消耗1270千克水。"进步号"、"龙"飞船、"HTV"和"天鹅座号"之类的补给船会把新鲜的淡水装在罐子里送往ISS。

　　为了节省从地球上送来的水，ISS的维生系统会回收利用空间站的废水。过滤系统会捕捉船员呼出的水蒸气，并将它送入水回收系统，经过处理以后，这些水会作为备用的饮用水储存起来，或者用来制造氧气。厕所里的尿液也能回收，经过净化以后，它会成为饮用水。这套系统能够回收利用六人小组排出的大约70%的尿液。

水回收系统每年能为我们节省数千万美元的发射费用。在未来的火星探索任务中，为了尽量减轻飞船的重量（从而节约成本），我们还需要更高效的水回收系统。

---

⑫ 你们在太空中怎么上厕所？

我还以为你们不会问呢！在地球上的卫生间里，重力会让你排出的东西去往它该去的地方。可是在国际空间站的失重环境里，工程师只能用气流来代替重力。

厕所里装着专门的电扇，它制造的气流会带走尿液和你排出的固体废物。宇航员可以扳动开关，打开厕所里的风扇，然后在真空管上插一个漏斗，并用漏斗靠近自己的身体。尿液会被气流冲入漏斗，汇集到一个储存罐里。

宇航员可以用脚指头钩住地板上的扶手，悬停在厕所座位上方。空气从座位下流过，冲走固体废物。每次用完厕所以后，所有的排泄物、清洁用品和卫生手套都会被装入垃圾袋密封起来，放进座位下面的一个桶里。然后宇航员会清理座椅和垃圾桶口，套上新的袋子，以便下一个人使用。用过的消毒湿纸巾会被扔到另一个垃圾袋里。

---

⑬ 这些废物会怎么处理？

尿液会暂时存放在一个中转罐里，然后流入水回收系统，转化成干净的饮用水。维生系统会将部分回收的水转化成可呼吸的氧气。

厕所座位下面的垃圾桶装满以后，宇航员会取出装固体废物的垃圾袋，把它和其他垃圾一起装入空的货运飞船。离开国际空间站以后，无人货运飞船会点燃制动火箭，再次进入大气层，在高空中烧毁，垃圾也会一起被焚化。如果下次你看到天空中有一颗流星划过，请不要忘记——它可能是来自宇航员的礼物！

●这就是 ISS 的厕所隔间，左上方是真空管，右下方则是盖上了盖子的"马桶"。（NASA）

(14) 宇航员在太空中怎么锻炼？

宇航员会利用跑步机和动感单车来做有氧运动；不过

为了防止身体从机器上飘走，他们必须佩戴特殊的设备。跑步机上有塑料的肩带和腰带，可以把他们固定在跑道上。动感单车上也有一圈松松的腰带，除此以外，宇航员还得把运动鞋固定在脚踏板上。我曾经蹬着航天飞机上的动感单车"环游地球"——才花了90分钟时间！

国际空间站上的船员需要定期使用高级耐力锻炼装置（ARED）进行力量训练。这台"举重机"利用加压的船舱与舱外自然真空之间的压力差来推动活塞提供阻力，宇航员可以用它来练习转体、深蹲和举重。除此以外，你还可以选择使用弹力绳、弹性拉伸带和弹簧夹之类的简单器械来辅助锻炼。

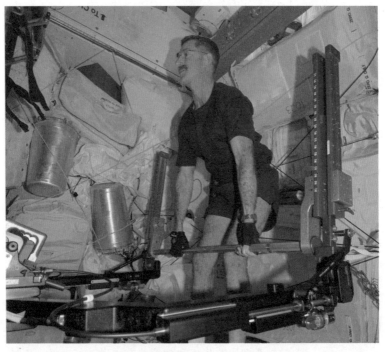

● NASA宇航员丹·伯班克正在ISS的高级耐力锻炼装置上练习"举重"。（NASA）

连续6个月（或者更久）每天锻炼90分钟，大部分宇航员返回地球时都练出了一身漂亮的肌肉。而且我们还发现，运动能够减缓骨质的流失。对长途跋涉的火星任务来说，这可真是个好消息。

---

⑮ 如果你在太空中流了汗，那会怎样？

在地球上，温暖的空气会上升，因为它的密度小于周围较冷的空气。可是在自由落体状态下，密度的差别不会造成气体的流动，所以你身体周围较热的气体也不会上升，于是你身上就裹了一层炎热潮湿的"毯子"。正是出于这个原因，汗水很难蒸发出去，只会在皮肤上一摊摊地汇集起来。所以宇航员在锻炼时需要经常用毛巾擦汗，或者打开

● 32号远征队的宇航员苏尼特·威廉斯在ISS的跑步机上锻炼。（NASA）

风扇对着身体吹。

---

⑯ 你在太空中如何保持个人卫生？

你也许会觉得在飞船上很难把自己弄得脏兮兮的。但我在国际空间站上主要干的是体力活。我得把"亚特兰蒂斯号"航天飞机上的货物搬到空间站里（失重状态下的物体也是有质量的），安装安全设备，给新的"命运号"实验室接线、安装无线电设备，除此以外，我还完成了三次太空行走。ISS的船员工作也同样辛苦，而且宇航员每天至少

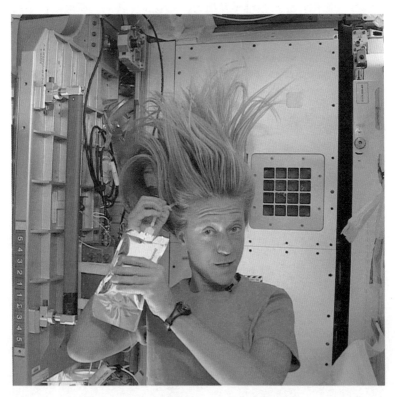

●宇航员凯伦·奈伯格在ISS上洗头。（NASA）

要锻炼90分钟。如果不想让周围的人对你敬而远之，你就得洗澡。

从1973年到1974年，天空实验室空间站上的生活让我们学会了一点：在太空中弄干身体、收拾湿漉漉的浴室实在太花时间了。所以在国际空间站里，宇航员会把热水和免洗肥皂喷在毛巾上擦洗身体。

每位宇航员都有自己的盥洗包，牙膏、牙刷、牙线、理发剪、润唇膏、洗发水、剃须刀等物品都用魔术贴固定在包里。充电剃须刀能吸走剃下来的胡楂儿和碎发。每天花15分钟打理个人卫生，朋友们才有勇气靠近你。

---

⑰ **宇航员在太空中怎么洗头，怎么修剪头发？**

洗头的时候，宇航员要完成的第一步是把饮水袋里的热水挤到头皮上；然后他们会涂上免洗洗发水（就是医院里用的那种），用手指或者梳子搓洗头发，最后用毛巾擦干，用梳子整理发型。国际空间站上的宇航员会互相用剪刀修剪头发，真空吸尘器会吸走飘散的碎发。

---

⑱ **宇航员怎么刷牙？**

宇航员使用牙线的流程和地球上一样，不过刷牙就要难一点儿了——空间站上没有给你吐牙膏的水池！他们会把牙膏吐进纸巾或者毛巾里，然后用清水漱口。为了节约用水，国际空间站上的宇航员已经开始使用可食用的牙膏，刷完牙以后，他们可以直接把牙膏吞进肚子里。

---

⑲ **太空中的宇航员在哪儿睡觉？**

国际空间站上的每位宇航员都有自己的铺位。"和谐号"

模块的墙壁、天花板和地板上共有四个铺位，另外两个铺位安置在"星辰号"服务模块里。

每个铺位都配备了放置睡袋的空间、衣物箱、笔记本电脑桌和对讲机，你还可以在墙上粘贴照片和纪念品。折叠门可以有效地保护宇航员的个人隐私，同时也有隔音的效果；俄罗斯的铺位上甚至还有窗户，可以望见外面的地球。

而在往返于地球和ISS之间的飞船里，宇航员可以把自己的睡袋固定在墙壁、地板或者天花板上。他们戴上遮光眼罩，在自己的临时卧室里安然入睡。闭上眼以后，我总感觉自己正在慢慢沉入一个无比柔软、深不见底的床垫里，要不了几分钟我就会沉沉睡去。

---

⑳ 国际空间站上的宇航员有自己的私密空间吗？

在空间站里和其他五位太空旅行者一起待上6个月甚至更长时间，听起来似乎十分拥挤，但ISS里面感觉十分宽敞。你也许会在某个地方连续工作好几个小时，却不会看到其他任何人，因为你的同事正在别的地方完成自己的任务。

你随时都能在空间站的气闸、储存模块或者穹顶舱里找到可以独处的私密空间。

宇航员会在自己的铺位上换衣服，在"宁静号"或者"星辰号"模块里锻炼、洗澡。每位船员都可以缩回自己的铺位里，而且每个人都会尽量尊重其他人的个人隐私。

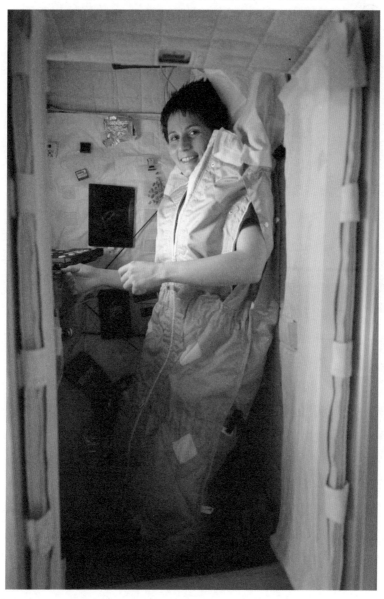

● ISS 上的欧洲空间局宇航员萨曼塔·克里斯托福雷蒂在自己的铺位里休息。（NASA）

㉑ 太空中的宇航员需要干家务活吗？

和地球上一样，太空中的家也需要清理和维护。宇航员每天都会抽出一部分时间来干家务活，例如擦洗厨房、清理空气过滤器、清空垃圾桶、打扫卫生间。

某次清理轨道器飞行甲板仪表盘后面的空气过滤器时，我发现了一支飘浮的牙刷和一个"出发吧空军！"的纪念贴纸。这些东西是以前的船员遗留下来的，它们卡在了飞船的缝隙里。

宇航员会做日常的清洁工作，还会在任务控制中心的指导下利用备件修理损坏的设备，让太空中的飞船保持整洁。

㉒ 你们怎么处理飞船上的垃圾？

废纸、垃圾、纸巾、用过的胶带和包装材料都统称为"干垃圾"。我们会用你熟悉的塑料垃圾袋把它们装起来，然后系紧或者用胶带扎紧。那些很快就会散发出臭味的东西被归类为"湿垃圾"，例如用过的食品包装袋和湿纸巾。我们会把这些东西装进塑料袋，用手压紧，然后用胶带密封起来。

宇航员把这些垃圾和卫生间里的固体废物一起装进空的货运飞船，例如"进步号""天鹅座号"和"HTV"。飞船装满以后就会与空间站分离，然后进入大气层并烧毁。你可以认为，这些垃圾的每一个分子都在再入大气层的过程中得到了回收。

对于未来的深空任务，NASA正在探索回收利用垃圾的各种方式，比如说，我们可以尝试用垃圾来制造推进剂、氧气和防辐射罩。

㉓ 飞船上有什么特别的气味吗？

"阿波罗号"的宇航员报告说，渗入登月舱的月球尘土有种微弱的辛辣气味，像火药一样。完成太空行走后，我注意到宇航服散发出臭氧电离的刺鼻气味。舱外的游离氧原子会粘在宇航服上，这些原子与气闸里的氧分子反应形成臭氧，带来了这种特殊气味。

空间站的维生系统里有专门的气味控制单元，名叫"微量污染物控制组件"。这套组件由活性炭床、催化氧化剂、氢氧化锂吸收床、风扇和流量计组成。

活性炭会吸收氨和其他大部分气味，不过甲烷之类的气体由催化氧化剂吸收，然后在 750 ℉（400℃）的高温下加热清除。氢氧化锂吸收床会吸附加热过程中产生的化合物和酸性气体。这套系统几乎能处理空间站上的食物、垃圾、人体和排泄物产生的所有气味。我去国际空间站执行任务的时候，站内的空气闻起来干净清爽，空间站上的空气过滤系统一直在高效运转。

㉔ 宇航员怎么洗衣服？

他们不洗衣服。在自由落体状态下洗衣服需要特制的洗衣机，而且会用掉大量的水和能量，对空间站有限的储备来说，这无疑是沉重的负担。

空间站上的船员隔天换一次内衣和袜子，上衣和裤子（或者短裤）则是一月一换。他们每周换一次睡衣——其实就是T恤和短裤——换下来的这套还当成运动装再穿一周。换下来的衣服直接扔掉，由货运飞船带入地球大气层烧毁。

相比之下，航天飞机宇航员的衣着就显得很奢侈了。我每天都要换干净的上衣、袜子和内衣，大部分衣服可以留着回去以后再洗，下次任务的时候还能再穿。为了预防衣服产生臭味，太空服装设计师正在尝试用浸泡过抗菌剂的布料来制作宇航员的衣物，让一套衣服可以穿得更久。

㉕ 宇航员在太空中有什么娱乐活动？

光是在太空中生活和工作就够有趣了——动人心魄的美景，同事之间的情谊，引人入胜的工作，自由落体状态带来的自由感，这一切都很有意思。我在太空中工作得比任何时候都辛苦，但每天我脸上都挂着笑容。

在难得的闲暇时间里，我总是靠在窗边，用相机拍摄遥远的地球，回家以后，我会和地质学家、地球科学家、亲朋好友分享这些照片。除此以外，我的同事们喜欢在空间站的走廊里快速穿梭，或者一口气翻几十个筋斗。在大屏幕投影电视上看纪录片是国际空间站"命运号"实验室里最受欢迎的娱乐活动。

㉖ 你在太空中有业余时间吗？你会怎么打发业余时间？

宇航员要在国际空间站里待上漫长的6个月，他们必须调整好自己的步调。我们每天的工作时间长达10小时以上，所以休息时间显得尤为重要。宇航员们周六需要工作半天，周日则用来放松、处理各种琐事、自由活动。大部分船员在周日也会做一些科研工作，因为他们觉得研究工作有趣而轻松。

每天从晚饭后到睡觉前，宇航员通常会有90分钟左右的空闲时间。他们可以去ISS穹顶舱欣赏美景，也可以做一些自己喜欢的事情，比如说阅读、听音乐、画画、缝纫、玩乐器或者跟地球上的业余无线电爱好者通话。

有的。宇航员可以在自己的平板电脑或者笔记本上阅读电子书。我最后一次执行任务时带了本经典科幻小说

●NASA宇航员特蕾西·考德维尔在ISS穹顶舱里欣赏美景。(NASA)

●本书作者手握《2001:太空漫游》,当时他正在执行航天飞机STS-98任务。(NASA)

《2001：太空漫游》。1968年的同名电影就是根据这本书改编的，正是它点燃了我的宇航员之梦。"和平号"等早期空间站上甚至有专门的图书室，里面放了几十本纸质书。

㉘ 宇航员会在太空中玩音乐吗？

在太空中工作和休息的时候，音乐代表着一部分你熟悉的地球生活。国际空间站上的宇航员会用iPad或笔记本电脑听音乐，地球上的亲朋好友也会通过任务控制中心给我们发送音乐。我喜欢在睡前遥望地球，聆听舒缓的乐曲，运动的时候我会听摇滚和舞曲。有的宇航员会随身携带自己喜欢的乐器——吉他、长笛或键盘乐器——弹奏音乐是他们放松自己、寻找灵感的方式，当然，他们也会和同事分享音乐。

㉙ 在太空中的时候你会想念哪些东西？

我想念微风吹拂脸颊的熟悉感觉，新剪的草坪或野营时夏天的森林散发出的浓郁气味。我想念地球上的美食，比萨、蒸螃蟹、新鲜果蔬，还有几种美食摆在同一个盘子里的视觉享受和芳香气味。在航天飞机上紧张工作的时候，我想念闲暇阅读的时光。我想念我的妻子和孩子。我可以忍受暂时离开地球上的一切，是因为我深知太空科研和探索工作十分重要；而且正因为这短暂的别离，我才更期盼回归家园的时刻。

㉚ 你在太空中能看电视吗？

宇航员可以看DVD和数字电影，任务控制中心会把这些东西发送到我们的电脑上，大家可以在自己的笔记本上看，也可以投影到65英寸的屏幕上看。空间站上有定期的"电影之夜"，所有船员带着零食和饮料聚集在大屏幕前共享欢乐时光。地面控制中心也会传送一些体育比赛录像，宇航员可以留着等休息的时候看。周末时船员可能有空看一些比赛的直播，例如世界杯足球赛、超级碗或者奥运会。

(31) 太空中能用手机吗？如果不能的话，你们怎么给家里打电话呢？

手机的能量不够大，所以在离地389千米的太空中，我们无法通过地面的移动信号站收发信号。ISS和任务控制中心通过36022千米轨道上的对地同步通信卫星传输无线电信号和视频信号。在90分钟的公转周期里，ISS大约有10分钟时间处于对地通信盲区，因为地球挡住了卫星信号。

通过这些卫星，ISS上的宇航员可以用笔记本电脑上

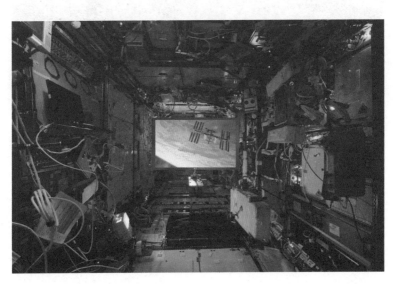

● ISS"命运号"实验室里的1.6米投影屏。

105

的网络语音电话软件（VOIP，类似Skype）与地球保持联系，比如说给家人、朋友或者NASA的同事打电话。我曾在"亚特兰蒂斯号"航天飞机上用这种软件打电话回家，通话效果很棒。

今天，空间站上的宇航员还可以利用无线电信号与任务控制中心通话、发送电子邮件、更新脸书页面、发推特消息。

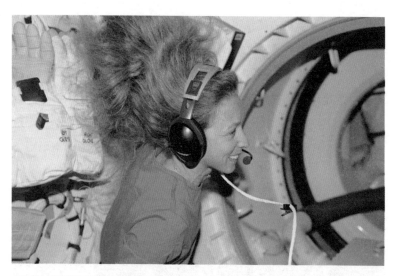

●玛莎·埃文斯正在使用笔记本电脑上的无线电话软件与地球上的家人通话。（NASA）

㉜ 你最喜欢太空生活的哪个部分？

地球的景色总在不停地变化，但不变的是它的美丽与动人心魄。我喜欢自由落体状态下那种无拘无束的感觉。尽管失重会带来很多麻烦，但你很难不被它吸引。与朋友分享太空生活经历的时候，作为团队一员——无论在太空中还是在地面上——为一个伟大目标共同奋斗的时候，我总是感到无比的满足。

---

(33) 宇航员在太空中如何庆祝节日和生日？

空间站上的宇航员会一起庆祝生日和各国的节日。大家会用货运飞船送来的节日装饰布置空间站。圣诞节之类的重大节日会有一天的假期，宇航员可以通过视频会议给家里人打电话。

通常情况下，大家会聚在一起共享盛宴，播放应景的音乐，分享补给飞船专门送来的节日大餐。美国的感恩节大餐一般会有辐射灭菌烟熏火鸡、热稳定烤红薯、俄式土豆泥拌洋葱、冻干夹馅玉米面包、冻干青豆配蘑菇以及热稳定树莓–蓝莓馅饼。

● 2014年12月，42号远征队的萨曼塔·克里斯托福雷蒂（她来自意大利）正在给ISS"命运号"实验室挂上圣诞饰品。（NASA）

货运飞船会送来专门的节日"大礼包"——里面装着应景的食物和礼物，例如视频、游戏、便条，还有巧克力、拐棍糖或者其他节日零食。

有人过生日的时候，船员们也会聚在一起庆祝，寿星会收到地球送来的小礼物或喜欢的食物，还有贺卡或者视频信息。作为额外的奖励，任务控制中心还会给那位幸运的宇航员唱生日快乐歌。

㉞ 在太空中写字或者打字很轻松吗？

空间站上的实验室里和船员的铺位上都有可调节的笔记本电脑桌，让宇航员可以轻松地打字。而在航天飞机上，我觉得很难让自己的身体稳定地停留在电脑前面或者让手腕固定在键盘上，所以我每次最多只能打一两个句子。写字的时候，我的手、笔和本子都飘浮在空中，所以手写也

●本书作者在笔记本上输入地球观察数据，当时他正在"奋进号"航天飞机上执行STS-59任务。（NASA）

108

成了件难事。如果要做详细的笔记，我会掏出微型录音机，直接口述记录，等到着陆后再把它转换成文字。

㉟ 太空游客在轨道上能体验到什么？

太空游客可以在商业性的空间站上享受几天地外假期。他们将看到壮观的地球美景，慢慢习惯自由落体状态下的奇妙生活。他们可以选择自己喜欢的食物，尝试在墙壁或天花板上吃饭。空间站会给他们准备一间失重健身房。他们可以在自己的独立隔间里睡觉，或者裹在睡袋里四处漂泊。太空游客和我们这些宇航员最大的不同之处在于，他们不用每天工作16个小时。不过和宇航员一样的是，他们也能体验到发射、绕轨飞行和再入大气层的难忘过程。

第七章 太空工作

01 **宇航员在太空中会做哪些工作？**

宇航员基本都是万事通，他们什么都会一点儿。执行

●本书作者在ISS"曙光号"模块里安装IMAX放映设备。（NASA）

国际空间站任务的宇航员需要驾驶飞船在空间站和地面之间往返，到达 ISS 以后，他们需要做医学实验、维护修理空间站、完成实验室研究、安装新设备、进行太空行走。

我在太空中充当过雷达影像系统操作员、航天飞机飞行工程师、太空行走执行者、ISS 建筑工、机械臂操作员、卫星操作员、实验室技师、计算机网络管理员、太空交会专家、对接系统专家、搬运工、地球观察员暨摄影师、摄影摄像师、IMAX 电影播放员、厨师和管理员。

---

(02) 国际空间站上的一天通常是什么样的？

空间站上一天的典型流程如下：

06:00 AM：船员醒来。洗漱、吃早饭、阅读任务控制中心前一晚发来的新闻和消息。

07:30 AM：晨间计划会议。开始一天的工作计划之前，宇航员和太空人会与地面任务控制中心交流同步信息。

07:55 AM：做准备工作，复习流程，调试当日活动所需的设备。

08:15 AM：全体船员开始工作。工作内容包括完成科学实验、维护和修理空间站上的设备与系统、准备迎接其他飞船、储存货物、空间站环境取样（包括测量声音等级、采集舱内和水中的细菌等）、就空间站的重大事项接受媒体采访。船员们每天都要锻炼 2 个小时，还要做一些医学测量，记录并评估个人身体情况，这也是工作的一部分。

01:00 PM：午饭。

02:00 PM：继续工作。

06:15 PM：准备第二天的工作。提前熟悉第二天的工作流程和时间安排。

07:05 PM：晚间计划会议。与任务控制中心讨论当天的工作，修改第二天的工作计划——如果有必要的话。

07:30 PM：吃晚饭，休息，处理电子邮件，整理照片发回地球，给家里打电话，眺望地球！

09:30 PM：船员入睡，我们每天大约会睡8.5个小时。

03 宇航员怎么知道自己每天该做哪些工作？

任务控制中心每天都会向ISS发送飞行任务计划，上面有每位宇航员的工作日程。详细的飞行任务计划会通过无线电直接传到船员的笔记本电脑里，这份计划以15分钟为一个单位，所有活动的时间都安排得很精确。

关键任务拥有最高的优先级，例如调整空间站的方向、对接抵达空间站的补给飞船或者执行太空行走。因为每位宇航员都要在ISS上待6个月左右，所以未能及时完成的低优先级任务可以推迟到第二天或者下周再做。如果某位宇航员提前完成了任务，他或她可以从"任务池"里挑一件时间不算紧迫但早晚都要做的活儿来干。

04 宇航员会参与飞行任务计划的制订吗？

会。船员们每天早晚都会和任务控制中心开一个例会，讨论当天的工作和第二天的计划。飞行控制员会列出第二天各项任务的优先级，宇航员们会讨论形成一个最高效的工作分配方案。空间站上的环境可能出现变化，这时候就需要临时调整当天的计划。

每天两次例会让所有人都能掌握当前的工作情况，最大限度地减少误解。顺畅的沟通让飞行控制员和宇航员之

●宇航员苏尼特·威廉斯在"命运号"实验室里查看自己的ISS飞行任务计划。(NASA)

间的合作变得更加高效。

---

05 宇航员在太空中怎么确定时间？

宇航员在太空中工作和生活的时候，知道当下的时间非常重要。要确保航天任务圆满成功，就必须按照时间表完成关键的科研实验和空间任务。近地轨道上的宇航员每天要经历16次日出日落，所以他们不能靠太阳的方位来判断时间。未来的深空任务也没法借助太阳来确定时间，因为随着他们越飞越远，太阳在星空背景上移动的速度会变得十分缓慢。

实际上，我们在太空中采用世界标准时间（UTC），宇航员也会按照UTC来调整自己的手表和电脑。

航天飞机任务采用的则是另一种计时方式，我们会按照"任务运行时间"——也就是以发射时间为0点开始计时——来确定每个重大事件的节点。我会把自己的电子表调整到任务运行时间，表盘上的指针显示的则是休斯敦的地面时间，任务控制中心和我的家人都在那里。

---

06 轨道上的宇航员可以随时和任务控制中心通话吗？

国际空间站上的宇航员通过对地同步轨道上的NASA通信卫星与任务控制中心保持联系。这些跟踪和数据中继卫星的轨道很高，所以它们几乎可以不间断地覆盖空间站的运行轨道。

不过，因为ISS必须和其他使用者（例如哈勃太空望远镜）分享这些卫星，所以空间站上的宇航员并不是随时都能与地面通信。如果空间站和任务控制中心建立了无线电或视频连接，宇航员的笔记本屏幕上会有相应的提示。90分钟的轨道公转周期里，无法与地面通信的时间大约只有5分钟或10分钟。

在未来的深空任务中，宇航员将面临距离带来的通信延迟。比如说，以光速行进的无线电波从地球传播到月球大约只要1.5秒，但无线电波从地球传到火星需要20分钟之久，所以根本无法完成正常的通话。如果火星上的宇航员问了一个问题，那他要等到40分钟以后才能听到回答！

⑦ 飞船上谁是老大？谁对任务负责？

要成功完成任务，优秀的领导能力不可或缺，无论是在太空中还是在地面的任务控制中心里。在地面上，飞行指挥官全面负责工作的实施和任务的整体安全；发射之前，飞行控制组会和宇航员一起制订安全可行的任务计划。飞船指挥官会确保团队正确、安全地实施安排好的任务。太空环境中，决策的时机可能非常重要，有时候甚至攸关生死，所以飞船指挥官拥有最高的决策权，确保团队安全是他或她的职责。

⑧ 宇航员之间会发生争执甚至争吵吗？

宇航员之间当然会有不同意见，哪怕是在关系紧密的任务团队里。对于持续时间极长的深空任务来说，尽量让船员保持融洽的关系就显得尤为重要。漫长的旅途中，你肯定不希望船员在狭窄的空间里发生严重的冲突，因为你根本无处可避。

为了最大限度地减少这类冲突，指导员和管理员会在发射前长期观察训练中的宇航员团队，看看大家是否合得来。如果发现了比较明显的性格不合，首席宇航员有权用替补船员换掉团队中的某个人。

拥有某些关键特质的船员更适合执行深空任务。比如说，他们应该既能享受孤独的工作，又不排斥社交活动——换句话说，他们既不外向也不内向。宇航员应该明白，每个人都有不同之处，但我们总能设法调和彼此之间的矛盾。在漫长的远征中，幽默感也是不可或缺的重要特质。我相信，成功的团队离不开果断的指挥官，他应该乐于听取意见，但在最后决策时却从不犹豫。

---

⑨ 你们在太空中工作时会犯错吗？

人无完人，所以宇航员也会犯错。幸运的是，地面的任务控制员也是人，所以他们能理解这些无心之失。如果你犯了错，记得及时报告其他船员和地面；他们会给出合理的建议，帮助你修正错误。我们团结合作、开诚布公，将错误和误解减少到了最低的程度。别担心——只要你发出信息，任务控制中心和其他同事都会立即伸出援手。

---

⑩ 宇航员能修复飞船上损坏的东西吗？

是的，我们可以修理国际空间站。空间站上有各种各样的工具和备件，从螺丝刀、扳手到完整的ISS子系统备件（例如冷却剂泵和太阳能电池阵列稳压器），应有尽有。

在空间站上执行任务的时候，我曾和搭档鲍勃·科尔宾一起完成了一次太空行走，修复了"命运号"实验室外的一根冷却系统软管，解决了漏氨的问题。鲍勃迅速关掉阀门阻止了氨气泄漏，随后我们重新装了根软管，彻底解决了问题。

116

2007年，空间站进行了一次大规模的维修。两位宇航员经过长达7小时19分钟的太空行走，成功修复了一块撕裂的太阳能电池板。

他们用电线、胶带和铝条做了一套加固装置，直到现在，它仍支撑着太阳能电池阵列四个翼片之中的一片。

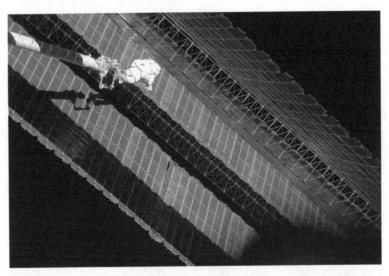

●两位宇航员修好了国际空间站上一块撕裂的太阳能电池板，斯科特·帕拉金斯基就是其中一员。（NASA）

⑪ 国际空间站的工具箱里有哪些东西？

国际空间站上的工具箱井井有条，包罗万象，我们可以说，喜欢自己动手的人梦寐以求的就是这样的工具箱。工具箱里的物品包括各种各样的钳子、工具套筒组件（有英制的也有公制的）、各种套筒、检验镜、卷尺、铁皮剪、无线电钻、各种钻头、无弹力安装锤（它在自由落体状态下也不会发生反弹）、撬棍、光纤孔探仪、各种扭矩扳手、各种螺丝刀、各种套筒扳手、电动骨锯、弓锯、各种镊子、电动剥离器、剪线钳、各种夹具、长柄钳、金属锉刀、凿子、电动磨条、活动扳手、手电筒、头灯、护目镜、电工胶带和万用表。

工具箱里没有气泡水平仪——别忘了，自由落体环境中无所谓上下。目前，ISS的宇航员已经开始尝试用空间站上的3D打印机制造自己需要的新工具。哦——由于牛皮胶布实在太常用，我们有个专门的储藏柜来装它。

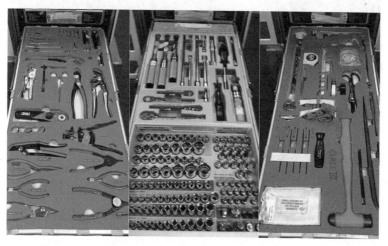

● ISS工具箱里的几个抽屉，来自NASA地面训练中心的空间站模型。（NASA）

⑫ 空间站上最危险的工作是什么？

我认为空间站上最危险的工作可能是太空行走——它也是我最引以为傲的太空工作。在国际空间站安装美国"命运号"实验室的时候，我完成一次太空行走需要8小时到10小时。我和搭档鲍勃·科尔宾一起暴露在致命的真空中，在太阳下我们经受着高温的炙烤，而在地球的阴影中，等待我们的是刺骨的寒冷。如果宇航服失效，或者误操作了宇航服的某个系统，那么我可能会在短短几秒内送命。

穿着笨重的宇航服在空间站外移动、透过臃肿的手套抓紧工具完成操作，这无疑是个巨大的挑战，当然，我还承受着极大的心理压力。一个小错误就可能导致空间站设备损坏，需要花费数百万美元来修复，还可能让科研任务蒙受无可挽回的损失。我必须持续数小时集中精力，不能有一丝的松懈和走神。舱外工作令人心旷神怡，再加上客观存在的高风险和极高的工作强度，所以太空行走既是太空中最诱人的工作，也是最危险的。

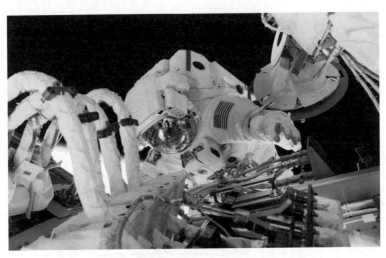

●本书作者正在为ISS新增加的"命运号"实验室连接电缆。（NASA）

⑬ 每次任务结束后，你需要多长时间才能重返太空？

NASA宇航员平均需要等待五年才能再次参加空间站远征队。返回地面的宇航员需要贡献自己的经验和技巧来帮助NASA安排未来的任务、训练其他宇航员、研发新飞船。再次前往空间站之前，他们还需要再接受两年半的训练。

⑭ 你去过太空中的什么地方？

经常有人问我有没有去过月球，可是在我成为宇航员的时候，阿波罗探索项目已经结束很久了。我去的是地球的近地轨道，它的范围大约是地表上空160千米到2000千米的高度。

我在国际空间站停留期间，它的轨道高度大约是356千米。"阿波罗任务"的探索者离开地球的距离比这要远上千倍。在总统和国会的支持下，太空发射系统和"猎户座"飞船将搭载宇航员离开近地轨道，绕月球飞行，前往小行星和火星。

● NASA宇航员兰迪·布莱斯尼克正准备进入"CST-100星轮号"飞船模型。（NASA）

⑮ 地球上有什么工作类似宇航员在太空中做的事？

　　要成功完成一次太空飞行任务，宇航员必须学会多种技能并加以娴熟运用。地球上也有一些工作与宇航员类似，例如研究科学家、实验室技师、飞行员、水肺潜水员、起重机操作员、建筑工人、急救医师、电脑技师、摄影师、工匠、对外发言人、水管工和电工。每次任务我都有机会磨砺已有的技能，学到新东西。为了在太空中完成各种工作，我们需要接受五花八门的训练，不过这正是宇航员这份职业的迷人之处。

第八章　太空行走

01 如果安全绳从飞船上脱落了，宇航员飘走了该怎么办？

NASA宇航员离开国际空间站执行太空行走任务时会带上一套名叫"太空行走简便急救装置"（SAFER）的救援系统。这个小巧的喷气背包安装在宇航服维生系统背包下方，它可以帮助飘走的宇航员飞回空间站。

SAFER配备了24个能喷射低温氮气的小型助推器，由一个小操纵杆控制。飘离空间站的宇航员可以把操纵杆放到宇航服前方，打开喷气背包。由电池驱动的SAFER主控电脑会稳定宇航员的身体姿态，然后宇航员打开助推器，靠多次短促的推进飞回空间站。回到空间站外以后，宇航员会抓住ISS外壳上的扶手或其他部件，挂上固定索，设法回到气闸里。

SAFER存储的气体是有限的——抓住扶手的机会可能只有一次——所以宇航员需要经常使用仿真模拟器进行训练，熟练掌握飞行技巧，以便安全地回到飞船里。虽然SAFER已经在太空中进行过测试，但是目前为止，它还没有真正派上过用场。

02 如果宇航服漏气了会怎样？

宇航服泄漏是非常严重的紧急情况。宇航服内的氧气压力下降可能导致宇航员失去意识乃至死亡。漏气引起的压力骤降会触发警报，在这种情况下，宇航员必须立即返回气闸和安全门内。

前往气闸的途中，宇航服的维生系统会不断地注入新鲜的氧气来补充漏掉的气体，尽量维持内部压力。如果漏气孔直径和铅笔差不多，背包里的紧急备用氧气罐能支撑30分钟左右，这段时间足够让宇航员返回气闸，连上空间站内的氧气管，在其他船员的帮助下脱离危险。

宇航服就像个鼓鼓囊囊的气袋，为了预防划破宇航服，工程师在设计空间站的外壳时会尽量避免出现尖角、锋利的边缘和其他障碍。

---

03 透过宇航服头盔看到的景色和在空间站窗边看到的一样美吗？

宇航服头盔面罩是弧形的，所以宇航员可以一览无余地看到地球的壮美景色。那一刻，我感觉自己不再是高高在上的观察者，而是真真切切地融入了这片美景。不过，忙碌的太空行走者没什么时间享受美景。我执行太空行走任务的时候，有五分钟的间隙时间来欣赏美景就算是很幸运了。

ISS里最佳的观景点是"宁静号"上的穹顶舱。七扇窗户为宇航员提供了开阔的视野，窗外美景尽收眼底。在这里，船员们可以用35mm数码相机、各式各样的镜头和摄像机捕捉地球最美的一面。

---

04 为什么太空行走被简称为"EVA"？

"阿波罗任务"时期，宇航员会离开飞船去探索月球表面，所以NASA需要用一个词来指代这类任务。最后，他们创造出了一个短语，"舱外活动"，意思就是在飞船外部

●无绳飞行，NASA宇航员马克·李在执行"发现号"航天飞机STS-64任务时测试SAFER喷气背包。（NASA）

完成的活动。

NASA的工程师热爱创造描述性的技术短语，然后再把短语浓缩成首字母缩写，好在书写和开会时节省时间，所以"舱外活动"很快就被简化成了"EVA"。

EVA这个词很快在NASA内部流行起来，而在太空竞赛时期，记者的报道让它变得广为人知。在英语里，"太空行走"这个词的音节比"EVA"更少，但"EVA"这个缩写只有三个字母，打字的时候会更快。

---

⑤ 我们为什么需要宇航服？

太空环境是真空的，这意味着在国际空间站的轨道上和更遥远的深空中，只有极少的空气分子在高速穿梭。如果没有宇航服提供的气压，空气会像爆炸时的气浪一样从你的肺里冲出去，短短几秒内你就会因缺氧而失去意识，然后很快死亡。在真空环境下，肺部和血液中溶解的气体会迅速逃逸，导致体液起泡沸腾。噢，除了这些以外，白天的太阳会把你烤焦，而夜晚的酷寒能把你冻成冰棍。在太空行走任务中，宇航服隔开了生与死！

---

⑥ 国际空间站上使用的NASA宇航服由哪些主要部件组成？

NASA宇航员使用的宇航服名叫"舱外移动单元"，简称EMU。EMU的主要组件包括维生背包（它名叫"基本维生系统"）、上半身硬壳、上臂组件、手套、安装在胸口的显示器和控制模块、下半身组件、内置饮水袋、通信组件（耳机和麦克风）、头盔组件、液冷透气服和类似成人尿布的超大吸收服。俄罗斯太空人在舱外活动时穿的也差

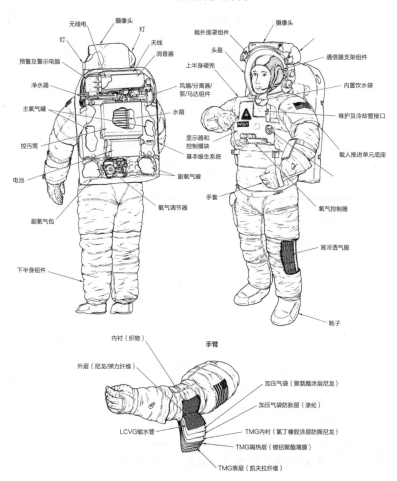

无线电　摄像头　灯
灯　天线
灯　消音器
预警及警示电脑
净水器
主氧气罐
控污筒
电池
副氧气包
下半身组件

舱外面罩组件　摄像头
头盔
上半身硬壳　通信器支架组件
风扇/分离器/　内置饮水袋
泵/马达组件
水箱　维护及冷却管接口
显示器和
控制模块　载人推进单元底座
基本维生系统
副氧气罐
氧气调节器　手套
氧气控制器
液冷透气服
靴子

内衬（织物）　　手臂
外层（尼龙/弹力纤维）
加压气袋（聚氨酯涂层尼龙）
加压气袋防胀层（涤纶）
LCVG输水管
TMG内衬（氯丁橡胶涂层防撕尼龙）
TMG隔热层（镀铝聚酯薄膜）
TMG表层（凯夫拉纤维）

● ISS使用的NASA宇航服主要组件图。（NASA）

不多，不过他们的装备名叫"奥伦宇航服"。

⑰ 宇航服是如何保护宇航员的？

多层宇航服将宇航员与严酷的太空环境隔离开来。宇航员贴身穿着尿布、秋裤、棉袜，戴着一双薄薄的丝质手套。内衣外面是液冷透气服（LCVG），遍布全身的水管可以调节宇航员的体表温度。

宇航服的四肢部位有足足14层。最里面的三层组成了LCVG，然后是聚氨酯涂层尼龙牛津布制成的加压气袋层，它可以预防氧气泄漏，隔绝致命的真空。接下来的涤纶加压织物层可以预防气袋膨胀得太厉害。氯丁橡胶涂层的防撕尼龙织物可以预防气袋撕裂，让宇航服变得更耐摩擦。接下来是5~7层镀铝的聚酯薄膜（镀铝塑料），它在白天可以反射阳光，夜晚则能保暖。

宇航服的最外层是坚韧的微流星防护隔热层（TMG），由凯夫拉纤维衬以戈尔特斯布料制成，防火、防撕和防撞性能都十分优异，它可以保护宇航员免遭小型太空垃圾或者微型流星的伤害。最后，宇航服的头盔面罩上还镀了一层薄薄的金，它可以反射60%的强烈阳光和99%的阳光热量。电池驱动的加热器会温暖宇航服手套薄薄的硅脂指垫，免得冰冷的金属工具和飞船结构件冻伤宇航员的指尖。

---

⑧ 维生背包里有哪些系统和补给品？

基本维生系统（PLSS）能让宇航员在太空环境中生存10个小时左右。PLSS有一个高压主氧气罐和一个紧急备用氧气罐。

为了给宇航员降温，加压气罐会将水注入一个多孔金属块，它在真空环境中会冻结成冰。另一套水管穿过冰块，通往液冷透气服纤细的循环管。

PLSS内有一个金属氧化盒，它能够以化学方法吸收宇航员呼出的二氧化碳；除此以外，还有驱动水泵的可充电电池、空气循环扇、无线电以及监控宇航服运转的警报系统。手套加热器和摄像头由独立的电池组供电。空间站气闸内的接口可以直接为宇航服补充氧气和水，还能给电池充电。如果宇航员不慎飘走，维生背包还能辅助SAFER自救背包工作。

---

(09) 宇航员为什么必须出舱进行太空行走？

　　目前宇航员出舱行走主要是为了维护和维修空间站，除此以外，他们也可能需要紧急修理飞船。

　　在建造ISS的过程中，宇航员一共进行了160多次太空行走。航天飞机小组的宇航员也需要执行太空行走（EVA）任务来修理、升级哈勃太空望远镜。在某次任务中，三位航天飞机宇航员曾赤手空拳地捕获了一个损坏的卫星。

　　接受过野外地质训练的"阿波罗任务"宇航员在月面上行走，探索另一个世界的地表。在6次月球着陆任务中，"阿波罗号"的宇航员一共完成了14次月面行走。未来的宇航员也需要通过太空行走来探索月球、附近的小行星乃至更遥远的火星。

---

(10) 你在舱外如何移动？

　　太空行走仿佛指尖上的芭蕾。在轨道上的自由落体状态下，所有东西都变得轻若无物，所以哪怕穿着笨重臃肿的宇航服，你依然可以轻盈地移动——只要你掌握了其中的诀窍。

　　我会小心翼翼地掌控方向，尽量让宇航服和工具远离飞船，以免被扶手或其他东西卡住。然后我靠着双手谨慎地从一个扶手挪向下一个扶手。为了保护双手、双臂和肩

●太空行走者史蒂夫·罗宾逊正在搭乘ISS的机械臂。（NASA）

膀，太空行走者在抓握时都不会太用力，要知道，在舱外执行任务的时候，你的上肢需要连续工作六七个小时。

按照牛顿第三定律，自由落体状态下的每一个动作都将造成同等的反向运动。比如说，如果你在自由状态下拧扳手，你的身体就会反向旋转；而要是按下某个按钮，你的身体也会受到等量的反作用力。所以，要让一切尽在掌握，关键在于善用安全绳和扶手，小心谨慎慢慢来。

我穿的宇航服质量高达177千克，按照牛顿第一定律，一旦某个物体开始运动，那么在没有外力作用的情况下，它将一直保持匀速直线运动。所以，我绝不能动得太快，以免累积太多的动量，难以停止运动。稍加练习以后，我已经能够控制自己的宇航服，在不浪费体力的前提下完成舱外工作。

目前为止，在ISS外最轻松愉快的移动方式是搭乘机械臂。把脚固定在机械臂上以后，我就可以舒舒服服地一边欣赏美景，一边等待机械臂操作员把我送往下一个工作位置。

---

⑪ 宇航员在国际空间站外进行太空行走的时候为什么不会掉下去？

和空间站一样，执行太空行走任务的宇航员也绕着地球做自由落体运动。在地球引力的作用下，空间站和宇航员以同样的速度一起坠落。

宇航员和ISS一起以每秒8千米的速度飞行，只要没有足够大的外力，他们就不会分开。从本质上说，太空行走者与空间站同步运动，即便他或她松开扶手，这样的运动状态也会一直保持下去。

在ISS外部工作时，我没有感觉到自己是在坠落；恰恰相反，我觉得自己正乘着一艘坚固稳当的大船绕地球航行。虽然我能看见地球在脚下运动，但却体会不到速度感。真空中没有耳畔掠过的风声，空间站在太空中行进也不会带起一股股涡流。我脑子里知道自己正在以每小时28350千米的速度运动，但眼睛和耳朵却告诉我，我和触手可及的空间站一起静静地飘浮在太空中。

---

⑫ 宇航员在太空行走时会携带哪些工具？

宇航员会携带一些你熟悉的工具来完成ISS的修理和建筑任务，不过这些工具都是特制的。这些工具的手柄都比地球上的更大，所以戴着手套的宇航员也能轻松地抓住它们。电动工具的开关设计得更大，显示屏也更清晰易读。为了避免工具飘走，每一件工具上都有绳圈或者小孔，可以用安全绳系在宇航服上。

我常用的设备包括腰系绳、扣在宇航服胸口的迷你工作台，以及固定在左边腰侧的安全绳（看起来就像一条灵活的手臂，末端有爪扣）。这条蛇一样的绳子可以把我的宇航服固定在扶手上，也可以用来牵引其他笨重设备。

其他随身携带的设备还有伸缩绳、腕绳（用于固定工具和空间站的设备）、铜线夹（超大号的环形夹，用于固定线缆）、尼康35mm相机、用来紧固或拧松螺丝的充电式手枪钻（PGT）、装PGT刀头的盒子、垃圾袋、带有十几个扣环的织物带（用来搬运建筑设备，我们叫它"鱼绳"）。带齐全套装备的我简直就像移动的五金店！

⑬ 宇航员能在夜间进行太空行走吗？

空间站每公转一圈就大约有一半的时间处于地球的阴影中，所以太空行走者必须拥有在黑暗中工作的能力。国际空间站外面没有泛光灯，宇航员头盔两侧各有一对可旋转的卤素工作灯。每盏灯顶部各有一个开关，你可以用它来控制灯的明灭和光束的聚散。每次太空行走结束后，卤素灯的电池都需要取下来充电。

未来在月面上工作的宇航员还得适应地球的反光，我们的母星会反射阳光照亮月球的黑夜。从月面上观察，完整的地球比我们在地球上看到的满月还要亮90倍以上。探索小行星的宇航员可能需要更好的头灯，因为在缓慢旋转的近地小行星上，太空行走者可能需要面对数小时伸手不见五指的暗夜。

⑭ 在飞船或空间站外工作好玩吗？

经过了近11年的太空行走训练，其中包括300多个小时的水下训练，我渴望体验真正的太空行走。

第一次太空行走的感觉古怪而愉快。我驾驶着自己的小飞船——宇航服——绕着空间站飞行！轨道上的大部分任务都比水下训练时容易，发现这一点以后，我真是松了口气。水下训练时有个任务必须倒立着工作15分钟，结果在太空中只需要5分钟，而且在自由落体状态下调整身体姿态也更轻松。

宇航服头盔外的景色美得惊心动魄——灯火通明的空间站、金色的阳光、宇航服反射的点点白光，当然还有永远都那么壮丽的地球。

⑮ 穿着宇航服会感觉热或者冷吗？

宇航服的舒适程度令人惊讶。背包里内置的冷却系统控制着宇航服内的温度，因为宇航服的隔热性能十分优异，如果没有这套系统，那么身体产生的热量很快就会让宇航员无法承受。

为了保持凉爽，背包会驱动凉水在液冷透气服内循环。宇航员可以通过胸口控制单元内的旋钮调整水温。

在阳光的照射下，宇航服表面的温度可能高达250 ℉（121℃）。我还记得，当我离开"亚特兰蒂斯号"的气闸，太阳的热量立即让我的四肢变得温暖起来。而在夜间，热量会缓慢地从宇航服内部散逸到冰冷的太空中，鞋底是最主要的散热点。为了防止脚冷，我总是穿着厚厚的羊毛袜，有时候还得临时关掉宇航服的冷却系统。

⑯ 宇航员能在无人协助的情况下自行穿脱宇航服吗？

目前国际空间站使用的宇航服是为个人独立穿脱而设计的。不过，如果有朋友帮忙，你可以节省大量时间。在无人协助的情况下，你可以在30分钟内自行穿好宇航服——从头到脚。不过，对每个接口和密封点进行检查和二次检查需要耗费更多时间——这道流程事关生死。

工程师以俄罗斯的奥伦宇航服为基础做出了一些改进，未来的宇航服可能会在背包上设置铰链，并在背部开一个出入门，穿脱起来会更加轻松。

⑰ 宇航服都是均码的吗？

国际空间站上的NASA宇航服适用于大部分宇航员。硬质的上半身部分有两种尺寸，而四肢的长度可以通过添加或移除分级环进行调整。鞋子的内衬是泡沫材料的，所以小脚的宇航员也能舒舒服服地穿上去。合适的手套非常重要，所以宇航服手套的手指长度和手掌宽度都可以调节。

NASA的小个子宇航员面临的主要问题是肩膀无法撑起宇航服上半身与手臂之间的连接处。而身材最魁梧的宇航员会发现自己的肩膀勒得难受。NASA的宇航服设计师正在设计新的宇航服，希望在尽量减少零件变动的前提下扩大宇航服尺寸的调节范围。

---

⑱ **宇航员在宇航服里怎么吃喝？**

宇航服的胸部内侧用魔术贴固定着一个2升容量的水袋，带阀门的水管通过颈环伸入宇航服头盔，一直送到宇航员嘴边。宇航员只要咬开阀门，就可以通过管子喝水。

早期的航天飞机太空行走者可以吃装在宇航服颈环上的食品棒——它是一种耐嚼的细水果条，裹在可食用的米纸里。宇航员只要低下头就可以咬一口，同时水果棒会往外推一点，以便下次再咬。水果棒的味道还不错，不过它也会让你的脸变得黏糊糊的，所以我通常不去惹这个麻烦。后来的宇航员都觉得，最好的办法是出舱行走之前吃一顿丰盛的早餐，等到干完活儿回来以后再好好吃晚饭。

---

⑲ **穿着宇航服的时候能抓自己的鼻子吗？**

宇航服穿起来非常贴身，所以你不可能从衣服里面把手臂缩回来，伸到密封的头盔里去抓鼻子。我倒是在头盔颈环上方靠近下巴左侧的位置装了一根2.5厘米长的泡沫块。宇航服内气压发生变化的时候，我可以凑到泡沫块上面清理一下自己的鼻孔；有了这个小玩意儿，想抓下巴或者鼻子也很方便。不幸的是，头盔颈环的位置还是低了点，所以我不能揉眉毛，也没法擦眼泪。

---

⑳ 穿着宇航服的时候你怎么上厕所？

太空行走的时间十分宝贵，宇航员不可能浪费好几个小时回到舱内脱下宇航服去上厕所，所以我们都贴身穿着成人尿布。在自由落体状态下，尿布的吸收能力十分关键，一旦出了问题，尿液就会漏得到处都是，还会弄脏宇航服。请记住，自由落体状态下所有物体都会飘浮，没有尿布的话，场面一定非常糟糕！成人尿布是宇航员的不二选择。太空行走结束后，我会把尿布装进密封袋扔进垃圾桶，然后擦洗宇航服内壁消毒杀菌。很难想象未来的火星任务还需要携带尿布，但目前为止，我们还没有找到更好的解决方案。

㉑ 宇航服里的空气是什么样的？

空间站的大气里含有79%的氮和21%的氧，宇航服里使用的则是纯氧。人类不需要氮气来维持生命，0.77千克每平方厘米气压的纯氧就能让血红细胞正常工作，效果大致和地球海平面的气压相仿。所以使用纯氧不但能够维持生命，还能降低宇航服内的压强，让宇航员的动作变得更加灵活，不再像个硬邦邦的气球。

在离开空间站之前，宇航员必须穿着宇航服呼吸至少90分钟的纯氧，等待宇航服内气压降低到0.77千克每平方厘米。这个"预备呼吸"过程能够去除血液中溶解的氮气，极大地降低减压病的发作概率。

太空行走过程中宇航员需要呼吸8～10小时纯氧，然后他们回到ISS里面，脱下宇航服，重新开始呼吸氧气和氮气组成的空气，直至下一次出舱执行EVA任务。

㉒ 宇航服里面的噪声大吗？

宇航服里唯一的噪声来自背包中高速运转的小风扇，它会把新鲜的氧气吹进头盔里面。出舱之前，随着宇航服内的氧气压力逐渐降低，风扇的噪声也会慢慢消失。头盔内部能够传递声音的氧分子变得越来越少，风扇的噪声也慢慢降低到耳语的程度。随着气压进一步下降，你说话的音调也会变得更低、更含混。外界的真空中声音无法传播，但如果某件工具与宇航服的金属部件发生了碰撞，我在宇航服里面能够清晰地听到"砰"的一声。执行太空行走任务的时候，大部分时间我只能听到自己的呼吸声，耳机里偶尔会传来其他船员的声音，打破这片宁静。

㉓ 穿上宇航服的感觉是什么样的？

就我个人的经验，与穿宇航服的感觉最接近的体验是湿衣潜水，不过宇航服穿起来要舒服得多。我的头可以自由转动，视野也很开阔，而且不必通过嘴里的呼吸管吸气。

穿着宇航服完成了几百个小时的太空行走训练以后，宇航服仿佛变成了我的第二层皮肤。在舱外行走时我感觉非常舒适，甚至完全不会注意到宇航服的存在，我可以全神贯注地运用双手操作工具，完成手头的工作。

偶尔我会感觉手指被手套勒得有些发胀，或者肩膀与宇航服内壁摩擦得有点疼。只要调整好手套的松紧、在受压部位垫上软布，就能解决大部分问题。

㉔ 宇航员和工具为什么不会从空间站外飘走？

　　在电视屏幕上观看宇航员执行太空行走任务的时候，你很难看到他们身上的安全绳，但实际上，所有的工具都用安全绳挂在宇航服或者飞船上，宇航员自己也一样，所以他们不会飘走。

　　宇航员用一根15米长的伸缩式不锈钢缆充当安全绳。安全绳的盘轴安装在宇航服的臀部，另一头扣在空间站的某个扶手上。他们也会用1米长的凯夫拉系带来把自己固定在空间站外的操作位置上。

　　工具紧紧地固定在宇航服胸口的工具架上。其他设备挂在一根高强度凯夫拉短系带上，或者扣在伸缩式固定带上。

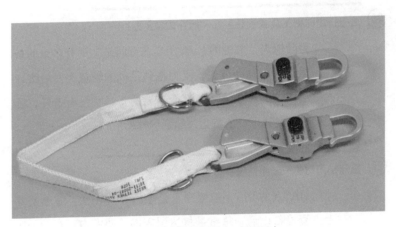

●凯夫拉EVA腕带，可以把工具固定在宇航服或ISS上。（NASA）

㉕ 宇航员会把东西落在舱外吗？

　　要避免遗失设备，请记住最重要的一条铁律：随时系好安全绳！要动任何工具或者设备，你得先把它固定好。用完以后把工具收好，再解开绳子。

不过，安全绳上的机械锁扣可能失效，宇航员有时候也会忘记系绳，或者不小心撞开了锁扣。1965年，在美国的首次太空行走任务中，一只松脱的手套从"双子座4号"打开的舱口里飘了出去。空间站上的宇航员遗失过一个绕线盘、一个工具包、一个工作平台和其他各式各样的工具。

我和搭档鲍勃·科尔宾执行太空行走任务时从未遗落过任何物品。不过有一次，我们用来装螺丝刀头的罐子锁扣松了，它开始往外飘；幸好鲍勃及时发现，当时罐子已经慢慢飘到了3米外，不过他还是设法把它抓了回来。宇航员应该养成好习惯，随时系好每一根安全绳，确保工具的锁扣牢固结实。

㉖ 太空行走时把工具或设备丢在了舱外该怎么办？

为防遗失，关键的EVA工具在空间站上都有多余的备件。飘走的工具会被大气阻力拖到更低的轨道上，最终在大气层内烧毁。如果丢了某个重要的工具又没有备件，那么工程师会让下一班货运飞船送一件新的来。

㉗ 国际空间站的一套宇航服有多重？

NASA的ISS宇航服净重是177千克出头。宇航员穿上这套设备以后，总重量将达到250千克左右；在舱外工作时还需要加上胸口或臀部工具架和各种工具的重量，最高可达18千克。在轨道上，你可能动动手指头就能举起这么沉重的一套宇航服，可是别忘了，它的质量或者说惯性依然存在，所以你很难让它动起来，而一旦动起来以后也很难停下来。想象一下，太空行走就像钻进一个冰箱，你的双手从冰箱侧面伸出来，然后你就带着这么一大堆东西在空间站外移动。

㉘ 宇航员是怎么训练太空行走中需要完成的那些工作的?

目前复现太空行走环境的最佳方式是在中性浮力池的水中训练。NASA宇航员在得克萨斯州休斯敦的中性浮力实验室（NBL）参加太空行走训练,那里有个12米深、2.3万立方米容量的水池。

潜水员会增加或移除宇航服上的配重,让宇航员既不会沉底也不会浮上水面,正好悬浮在水中,就像飘浮在太空中一样。宇航员在这样的模拟失重状态下练习如何使用工具,如何固定、解开安全绳,如何以最节省体力的方式高效地穿着宇航服移动。

水里有1:1的空间站和其他飞船模型,宇航员可以在

●宇航员斯坦·乐福和斯蒂芬·鲍恩在约翰逊航天中心的中性浮力实验室里练习小行星探索技术。
（NASA）

这里练习修理和维护工作。

进入太空以后，在出舱执行太空行走任务之前，任务控制中心会向空间站发送视频课程，让宇航员温习EVA任务的流程。

㉙ 太空行走任务比其他任务更危险吗？

光是在国际空间站上生活就够危险了，宇航员需要面对太阳辐射和宇宙射线的威胁，而且空间站的某个模块随时有可能被微型流星或者太空垃圾击穿，导致舱室失压。不过EVA任务显然更加危险，宇航员离开了飞船的保护，单枪匹马进入严酷的太空，唯一能依靠的只有薄薄的宇航服和少得可怜的氧气。宇航服的织物没有金属那么坚韧，一旦宇航服被击穿，气体漏光的速度比空间站的舱室要快得多。宇航服隔绝射线和热的效果也不如飞船的船舱，不过幸亏宇航员暴露在外的时间还不算长。

另一个风险因素是，如果真的出现紧急情况，宇航员可能要花费好几十分钟才能返回气闸、得到其他船员的帮助。

㉚ 宇航员在舱外活动时可能遭到小行星撞击吗？

小行星、彗星的天然碎片和人造的太空垃圾在太空中高速穿梭，它们可能会伤害舱外行走的宇航员。不过宇航员通常是在国际空间站的大型模块附近工作，空间站可以帮他们挡住大部分碎片；除此以外，宇航服的外层用凯夫拉纤维制成，它也有一定的防撞效果。

目前为止，还没有出现过微流星和人造碎片击穿宇航服或维生系统的事例。不过曾经有一次，ISS扶手被撞击后

●微流星或太空垃圾撞击ISS太阳能电池板上留下的伤痕。（NASA）

形成的凹坑割破了宇航员手套的硅脂橡胶外层，引起了气体泄漏。这双手套必须送回地球修理。

③¹ 宇航员在太空行走时遇到过宇航服故障吗？

2013年7月，欧洲空间局宇航员卢卡·帕米塔诺穿着一套美国产的宇航服出舱修理国际空间站，结果水漏进了他脖子附近的输氧管。水滴在他的通信帽背面形成了一片水膜，然后开始慢慢地向脸颊的方向漫延。卢卡向任务控制中心报告说，他感觉脖子后面有点湿漉漉的，但所有人——包括他自己——都误以为是他身上出的汗或者是饮水袋里溢出来的水。

最后，当水膜终于漫延到卢卡的眼睛和鼻孔附近时，飞行指挥官下令中止太空行走，并指引卢卡和他的搭档回到了气闸里。卢卡不断地摇头，但仍无法甩掉脸上的水珠；他耳朵灌满了水，眼睛也看不见东西，差点儿呛死在自己的宇航服头盔里。

卢卡的EVA搭档和他一起回到了气闸里，他们关上舱门，空间站内的其他船员重新给过渡舱加压；然后他们迅速脱下卢卡的头盔，擦干他脸上的水，解决了这个紧急情况。工程师判断，故障原因可能是空间站供水系统中的矿物杂质堵塞了背包里的分水器。后来他们发送了一些备件去修理这套宇航服。

---

③② 你在太空行走时完成过哪些任务？

为了帮助建造国际空间站，我和 EVA 搭档鲍勃·科尔宾一起执行过三次太空行走任务。在第一次任务中，我们在空间站外准备了一个对接口，以便连接新的"命运号"实验室；第二次我们连接了实验室与空间站之间的电缆、数据线和冷却管路；最后一次我们在实验室外面装了一些设备，以备未来扩建空间站。我们打开实验室的地球观察窗，然后将空间站的第二个对接口安装在了实验室前方；我们在空间站的桁架节上装了一个冰箱大小的备用无线电

●本书作者在国际空间站外工作，当时他正在执行航天飞机 STS-98 任务。（NASA）

发射器，最后还测试了搬运伤员返回气闸的路线。

㉝ 你在航天飞机和国际空间站外待过多长时间？

　　三次太空行走任务加起来，我累计在ISS外和鲍勃一起工作了19小时49分钟，其中时间最长的一次持续了7小时34分钟。

㉞ 太空行走为什么如此困难？

　　宇航服有很多层，穿上以后，宇航员的四肢变得十分笨重臃肿，难以移动。而且宇航服内部还要充氧，虽然气压不高，但也会让四肢变得更加僵硬。厚厚的手套里也充满了氧气，所以宇航员需要持续用力抓住扶手和工具。太空行走过程中，宇航员的上身、肩部和前臂肌肉几乎没有休息的机会，同时还会散发出大量的热。太空行走任务的

●宇航员鲍勃·科尔宾在国际空间站"命运号"实验室外。（NASA）

143

要求十分严格，任何失误都可能带来严重的后果，这需要宇航员时刻保持专注。所有因素相加，让太空行走成为太空中最困难的工作，但与此同时，它也是最精彩、最有成就感的工作。

㉟ 宇航员在月球上如何行走？

"阿波罗任务"的宇航员报告说，在月球的低重力环境下（月球表面的重力只有地球的六分之一），最方便的移动方式是双脚跳跃，就像袋鼠一样。

要在月面上走得更快，你可以迈开大步，双脚交替移动。不过在月球的低重力环境下，走得越快就越难停下来，有时候你还会摔跤，把宇航服和设备搞得全都是灰。

㊱ NASA 为未来的探索任务设计了什么样的新宇航服？

NASA已经开始为未来数十年的深空探索任务设计新宇航服了。"猎户座"飞船启用之初，宇航员在发射和再入大气层时应该会穿上航天飞机任务使用的改进型高级逃生系统航天服（MACES）。他们也可以穿上MACES出舱执行紧急修理任务，但这种宇航服不是为长期舱外活动设计的。

NASA希望在21世纪20年代派遣宇航员探测从小行星上脱落的石块，为此他们正在改进MACES，给它配备更强大的维生背包和更好的手套。除此以外，NASA还在为未来的月球和小行星任务设计更先进的宇航服。

● "阿波罗17号任务"的宇航员杰克·施密特在月面上行走。(NASA)

● 新的宇航服原型机是为真空低重力环境（左）和月球/火星地表（右）设计的。(NASA)

新宇航服的维生系统应该更小、更高效,使用的电池也应该更轻、工作时间更长。用液氧替代现在的高压氧气也能延长宇航员在舱外停留的时间。

这些宇航服的关节部位必须设计得更灵活一些,好让宇航员能够行走、弯腰甚至跪在行星地表。更灵活的手套会让宇航员的动作变得更加敏捷,同时减轻双手和手臂的负担。更高级的内置计算机可以把各种列表、图像和传感器读数直接投射到宇航员头盔的面板上。这些改进将循序渐进地在ISS任务、小行星任务和月球任务中进行测试,最终用于火星探索任务。

第九章　太空风险

⑴ 宇航员在太空中面临的最大风险是什么？

发射失败是个非常严重的风险。从工程学的角度来说，研发一种能够克服地球引力的可靠火箭推进器并将它安全地送上太空，这是个莫大的挑战。一旦火箭出了问题，保证船员安全着陆的逃生系统至关重要。

进入太空以后，宇航员又将面临其他风险。太空垃圾和微流星体可能击中飞船造成空气泄漏。如果狭窄的船舱内发生火灾，氧气很快就会耗尽，船员也可能吸入有毒的烟雾。来自冷却系统的有毒气体可能渗入船舱甚至污染宇航服。对接失败可能导致飞船相撞、船舱破裂。而在未来的深空长期探索任务中，宇航员需要长时间生活在自由落体状态下，时刻经受辐射的洗礼，这些因素都会影响他们的健康。

最后，飞船再入大气层的时速高达28350千米以上，一旦隔热罩失效，整艘飞船可能会直接烧毁。因此，我们必须确保隔热罩不出问题。

⑵ 什么是太空垃圾？太空垃圾危险吗？

近地轨道上有很多太空垃圾，包括耗尽的火箭推进器、废弃的卫星、飞船散落的碎片等，它们以每小时数万千米的速度绕地球旋转，彼此之间不断碰撞。

实际上，小片的太空垃圾经常撞上国际空间站，在空间站的窗户、太阳能电池板和太空行走者使用的扶手上留下累累伤痕。较大的碎片可能击穿船舱、破坏关键系统。不过好消息是，目前为止太空垃圾还没有对ISS造成太严重的破坏，你在电影里看到的那种"大型太空垃圾群"基本不可能出现。但是，较大的太空碎片仍会严重地威胁空间站的安全。

美国空军的太空侦察网络使用雷达来跟踪体积大于垒球的太空碎片。如果网络中显示有较大的碎片出现在ISS方圆2千米以内，任务控制中心可以指挥空间站稍微调整一下位置，避免发生撞击。如果警讯来得太晚，来不及启动火箭，控制中心可能要求宇航员撤退到"联盟号"飞船或美国的"救生船"模块里躲避一下，直至危险过去。

未来数十年内，太空垃圾都将是一种不容忽视的风险。掌握太空技术的国家必须妥善处理废弃的卫星和火箭推进器，以免污染近地空间。但只要地球上的国家还在继续制造太空垃圾，它们带来的威胁就不会消失，我们新建造的飞船必须为此准备有效的防护措施。

03 微流星体很危险吗？

微流星体是指小行星和彗星的小块碎片，它可能破坏地球大气层外的飞船。飞速运动的微流星体会像子弹一样击穿飞船船舱，造成空气泄漏或者破坏飞船的关键系统，例如引擎或维生系统。微流星体带来的危险不容忽视，不过太空如此辽阔而空旷，所以飞船和空间站遭受撞击的概率相对较小。

国际空间站必须在轨道上运转约25年，为了预防微流星体的撞击，空间站内可居住的模块都配备了防撞层。这些金属和纤维组成的薄层遇到撞击后可能破裂，从而延缓碎片的速度，防止它们击穿船舱。从理论上说，ISS的防撞层可以阻挡豌豆大小的碎片。

（04）宇航员如何修复太空垃圾对空间站造成的损伤？

如果有太空垃圾撞击国际空间站，击穿了某个生活模块或者实验室，那么舱内的空气会泄漏到真空的太空中。在这种情况下，空间站上的宇航员必须尽快堵上漏点，隔离受损模块。宇航员接受过这方面的训练，如果漏点清晰可见，而且没有被设备或仪器架遮挡，那么他们可以在气压下降到危险的程度之前顺利堵上漏点。

如果找不到漏点，宇航员会撤离受损模块并关闭闸门，以防其他舱室的空气流失。将损失控制在一定范围内以后，船员可能会出舱进行太空行走，从外面把漏点堵上，然后再打开闸门，修理受损模块。如果空间站受损严重，船员可以乘坐与空间站对接的救生飞船返回地球。

（05）如果空间站上着了火或者出了其他严重问题，宇航员是怎么知道的？

ISS的计算机系统和任务控制中心的飞行控制员都会监测维生系统的运转和空间站的整体性能。一旦出现严重的紧急情况，例如火灾，ISS的警报系统会发出尖锐刺耳的警报，每个模块舱报警面板上的警报灯也会点亮。

1级警报是最严重的紧急情况，包括火灾、快速降压和毒性气体。船员和任务控制中心必须立即采取行动，否则可能危及生命。其他程度较轻的紧急情况分别被称为"警报""注意"和"建议"。这些信号也需要快速响应，船员

●宇航员特里·弗茨（左）和萨曼塔·克里斯托福雷蒂正在国际空间站的"曙光号"模块内进行应急演习。（NASA）

的笔记本电脑会根据警报的等级发出不同的声音和信息。

　　每个月ISS上的船员都会参加应急演习，演练在紧急情况下每个人负责的关键步骤。

⑥ 飞船里的火是什么样的？

　　飞船里的火和地球上的很不一样。在自由落体状态下，火焰产生的热空气不会上升，而是在火焰周围形成一层低氧高温层。因为缺氧，火蔓延的速度很慢。火焰会形成一个光球，燃烧的温度也比地球上低。目前，NASA正在利用ISS"命运号"实验室里的相关设施探究火焰在太空中是如何燃烧的。

　　如果ISS内部起火，首先，船员会戴上呼吸面罩，找出手电筒和应急指南。然后他们会奔向离自己最近的控制电脑，确定起火位置并切断着火点附近的电源。其他船员会用灭火器灭火。如果火势无法控制，船员会离开起火的舱室、封锁闸门、关闭该模块的空气循环风扇，以防火焰产生的热量和有毒烟雾扩散到其他舱室。

1997年，"和平号"空间站曾经发生过一场危险的火灾，一台着火的制氧机将熔化的金属和有毒的烟雾喷得到处都是；太空探索者从那场事故中吸取教训，制定了现在的空间站救火规程。

●地球上的烛焰（左）和自由落体状态下的烛焰（右）。自由落体状态下的火焰会形成球形，因为受热的空气不会上升。（NASA）

07 对宇航员来说，太空辐射是个大问题吗？

地球磁场吸引了大部分的太阳射线和宇宙射线，空间站的金属外壳和船员起居舱吸收辐射的塑料层又提供了进一步的保护，所以国际空间站上的宇航员不会受到太多损害。

不过，在未来的深空探索任务中，飞船外壳无法彻底阻挡太阳风暴和宇宙射线，如果没有额外的保护，宇航员可能会吸收过多的辐射，导致他们罹患癌症的风险大幅上升，强烈的太阳风暴甚至可能直接引发辐射病。如果遇到这种情况，船员可能必须在一个舱壁内灌水的小型庇护室里躲几天，直到风暴减弱。

要降低宇宙射线的危害，我们需要质量更大的防护罩（液氢和水能够有效隔绝宇宙射线），或者采用核动力火箭，让探索者更快到达目的地，缩短他们暴露在辐射中的时间。在月球或火星上，为了躲避致命的辐射，探索者可能必须居住在地下。岩浆洞和火山口都是理想的基地位置，我们可以在生活模块上方堆一层厚厚的土来遮蔽辐射。

●太阳火焰会产生带电的质子流和电子流，对深空中的宇航员来说，这是个不容忽视的风险。
（NASA）

如果长期生活在自由落体状态下,你的肌肉和心肺都会变得"懒洋洋"的,不过,跑步机、动感单车和划船机可以帮助你锻炼肌肉,保持心肺功能。宇航员还发现,ISS上的高级耐力锻炼装置似乎能够减缓自由落体状态下的骨钙流失。

除此以外,长期生活在自由落体状态下还可能导致脑内压力增大,进而影响宇航员的视力。显然,这是因为下半身的体液"上浮"到了胸部和头部。另外还有一点,自由落体环境可能会削弱免疫系统,损害人体对抗细菌和感染的能力。

如果无法克服自由落体状态带来的负面影响,工程师可以设计一种新的飞船,它的居住舱会像离心机一样旋转,

●在电影《2001:太空漫游》中,地球轨道上旋转的空间站能够提供人工重力。(图片来自尼克·斯蒂文斯,国际天文艺术家协会)

153

制造出一定的人工重力。不过这样的系统会增加飞船的复杂度、重量和成本，所以太空计划的制订者总想极力避开这个选项。

09 **如果在太空中有人突发疾病或者受伤，宇航员会怎么办？**

为了帮助生病的宇航员，国际空间站配备了完善的医药柜，里面有外伤处理工具和各种药品，几乎可以应对任何疾病。飞行医生通过无线电与空间站保持联系，随时准备提供帮助。

ISS的所有宇航员都接受过急救培训，类似地球上的急救医师（EMT）。好消息是，感冒和流感病菌很难进入太空，所以宇航员基本不需要面对这类小毛病。但是，如果有人突发疾病危及生命，例如心脏病或阑尾炎，其他船员会对他进行紧急处理，等到情况稳定以后再通过"联盟号"飞船或太空的士救生船把他送回地球做进一步治疗。

在未来的深空探索任务或火星远征任务中，地球上的医学专家也可以提供远程协助；但是因为路途遥远，宇航员必须自行处理所有严重的疾病和外伤。几乎可以肯定，这样的深空探索队必须配备医生。

10 **我们可以救援太空中的宇航员吗？**

ISS配备了内置的逃生系统——空间站上随时都对接着两艘俄罗斯"联盟号"太空救生船。如果出现紧急情况，宇航员不得不放弃空间站，那么他们会撤入"联盟号"救生船，脱离空间站安全返回地球。未来的商业性运输飞船停留在空间站期间也可以充作救生船使用。

如果运输飞船在近地轨道上搁浅，那么掌握空间技术的国家可能会联合起来发射一艘救援船，比如说"联盟号"飞船或者美国的太空的士。

不过在深空中，飞船距离地球太过遥远，而且也没有紧急救生船，所以宇航员很难快速返回地球。最佳的策略是提高飞船可靠性、设计足够的备用冗余系统，让船员就近前往月球或火星的避难所，等待救援。

---

⑪ 太空中发生过哪些致命的事故？

1967年："阿波罗"飞船在发射台上起火，导致三名NASA宇航员——维吉尔·"加斯"·格里森、爱德华·怀特和罗杰·查菲——丧生。

1967年：俄罗斯"联盟号"飞船再入大气层时失效，太空人弗拉基米尔·科马洛夫与飞船一起葬身火海。

1971年：俄罗斯"联盟11号"飞船因阀门故障而失压，太空人格奥尔基·多布罗沃尔斯基、弗拉迪斯拉夫·沃尔科夫和维克托·帕特萨耶夫不幸罹难。

1986年：美国"挑战者号"航天飞机因推进器失效而爆炸，宇航员弗朗兰西斯·"迪克"·斯科比、迈克尔·史密斯、朱迪斯·蕾斯尼克、鬼冢承次、格里高利·贾维斯、罗纳德·麦克内尔和克里斯塔·麦考利夫丧生。

2003年：美国"哥伦比亚号"航天飞机因隔热罩受损在再入大气层时解体，宇航员里克·赫斯本德、威廉·麦库尔、卡尔帕娜·乔拉、劳雷尔·克拉克、大卫·布朗、迈克尔·安德森和伊兰·拉蒙遇难。

　　1986年1月28日上午，航天飞机在发射台上经历了一夜零下的低温，但NASA仍决定照常发射，这是个严重的错误。寒冷导致航天飞机右侧固体火箭助推器内部的一个密封圈失效，于是炽热的废气在火箭箱体的侧壁上烧出了一个孔。

　　起飞大约72秒后，火箭废气泄漏导致助推器脱落，继而撞破了火箭的外部燃料箱，于是轨道器运动轨迹偏转，飞船暴露在极大的气动（或者说气压）力之中，最终解体。起飞约4分钟后，飞船残骸坠落在海面上，而宇航员可能早在船舱解体失压时就已罹难。"挑战者号"失事以后，NASA完善了助推器的设计，并对航天飞机做出了工程、通信和管理等各方面的改进，提高了它的安全性。

●肯尼迪航天中心的游客中心里划出了专门的区域来纪念在两次重大事故中牺牲的宇航员，他们为太空探索事业献出了自己的生命。纪念区内陈列着"挑战者号"和"哥伦比亚号"航天飞机的残骸碎片。（NASA）

⑬ "哥伦比亚号"航天飞机为什么会失事？

　　在"挑战者号"失事17年后，"哥伦比亚号"航天飞机受命执行一项科学任务（STS-107）。2003年2月1日，"哥伦比亚号"起飞后大约82秒时，一块手提箱大小的隔热泡沫从外部燃料箱前端脱落，击中了航天飞机的左翼。

　　"哥伦比亚号"入轨后不久，NASA就知道了泡沫撞击事件，但地面指挥中心认为它不会对机翼造成太大的破坏，所以不必担心宇航员的安全。事实上，这次撞击导致了"哥伦比亚号"左翼前侧的隔热罩破裂。

　　六天后，"哥伦比亚号"返回地球时，再入大气层产生的高热气体渗透了航天飞机左翼，从内部破坏了它的结构；当时"哥伦比亚号"正以每小时19440千米的速度在得克

● "哥伦比亚号"STS-107任务小组，拍摄于2003年在轨飞行期间。上排从左至右：布朗、麦库尔和安德森。下排：乔拉、赫斯本德、克拉克和拉蒙。（NASA）

萨斯州上空62千米的高空中飞行，机翼失效让整个轨道器失去了控制，整架航天飞机很快解体，导致船舱失压、乘员舱损坏。

这次事故之后，NASA为外部燃料箱更换了性能更好的隔热泡沫，增添了轨道器隔热层在轨检查的流程，研发了隔热罩修复工具，并制订了航天飞机救援计划。除此以外，NASA还再次修订了管理和决策程序，以进一步确保飞行安全。

---

⑭ 在"哥伦比亚号"返回地球时，宇航服为什么没能挽救宇航员的生命？

"哥伦比亚号"在再入大气层时左翼破裂脱落，整艘轨道器完全失控，短短几秒内乘员舱就开始解体并迅速失压。当时宇航员的头盔面罩都是掀开的，而且大部分人都脱下了手套，所以宇航服无法维持气压，宇航员很快就失去了意识。不过就算他们放下面罩、戴上手套，在飞船解体的过程中，宇航服也无法承受约60960米高空中时速19440千米下的气动力。实际上，谁也无法在这样突如其来的颠簸和减速中幸存。

---

⑮ 电影《阿波罗13号》中描述的危机是否贴合当时的真实情况？

1995年那部电影非常真实地再现了当时的情况。飞船内部一些宇航员飘浮在太空中的镜头实际上是在NASA的KC-135"呕吐彗星"飞机上拍摄的，它在飞行中能创造出长达20秒的自由落体状态。影片对航天任务的表现也相当真实，不过制作者将地面团队的规模从数百人缩减到了几十人，这样他们可以更加专注地表现几位关键人物。

曾经参与过"阿波罗13号"任务的宇航员弗莱德·海斯和詹姆斯·洛威尔表示，为了增强戏剧冲突，在拍摄船员之间的争执场景时，导演的确进行了一些夸张和演绎。《阿波罗13号》的制作者成功地展现了太空中的宇航员与地面上的指挥人员如何通力合作，顺利解决了一场险些致命的事故。

⑯ 你们在太空中可以直视太阳吗？

这可不是个好主意。地球大气层可以吸收、散射阳光，没了这层保护，炽热的强烈阳光很容易灼伤脆弱的视网膜，因为视网膜对光非常敏感。就算隔着飞船上涂有隔热材料的多层厚玻璃窗，你也不能长时间直视太阳，因为只需要短短几秒钟时间，它就会对你的视网膜造成永久性的损伤。墨镜能遮挡部分阳光，但它仍无法提供充分的保护。

宇航员在太空行走时戴的头盔并未配备三层玻璃，实际上，它只是个透明的塑料球。白天，太空行走者会放下镀金聚碳酸酯（一种塑料）材料制成的护目镜。薄薄的镀金层能反射大约60%的可见光和几乎所有的热量，保护宇航员的眼睛。除此以外，护目镜还能屏蔽有害的紫外线。当然，你还是不能直视太阳，但至少可以在明亮的阳光下舒舒服服地工作。

⑰ 在太空中你害怕吗？

第一次发射之前，我觉得胃里有点翻江倒海，就像一场盛大的演出即将开始——在我心目中，这次任务就是那么隆重。我并不担心航天飞机是否安全，那是别人的工作。

我最担心的是：我是否为任务做好了万全的准备，我会不会犯下严重的错误，让同队的其他船员、任务控制团队和NASA大失所望。不过就我个人的经验，进入轨道以后我就把所有担忧抛诸脑后了——因为实在太忙！

---

⑱ 在未来的月球、小行星和火星任务中，我们还将面临哪些新的风险？

若要去往比国际空间站更高的轨道乃至离开地球轨道、进入深空，宇航员将面临几个新的风险。首先，没了地球磁场的保护，飞船经受的辐射强度将大幅增加，包括太阳风暴（来自太阳的高速带电粒子）和银河中的宇宙射线（超高速重原子核），这两种辐射都可能让宇航员生病，或者增加他们罹患癌症的风险。

其次，登陆月球或行星需要强大的火箭、隔热罩和降落伞，要保证宇航员安全着陆，这些系统必须配合得完美无缺。探索月球或火星时，宇航员还需要面对地表的各种风险，例如锋利的石头、失足坠落、尘暴、有毒土壤和长期的辐射。

最后，在持续时间较长的探索任务（例如火星或小行星任务）中，宇航员还需要应对另一种风险——孤独。由于距离太远，他们无法像现在这样随时与地球保持无线电联系，长期远离家人、朋友和熟悉的地球环境，宇航员的心理状态必然受到影响。

● STS-68任务在发射台上经历过一次临时的任务中止，六周以后，"奋进号"航天飞机带着本书作者和小组其他成员飞向了太空。（NASA）

●在2010年5月的一次飞行测试中，"猎户座"无人飞船的发射逃生系统成功地将船舱弹了出去。（NASA）

⑲ 未来的飞船将增加哪些新的安全措施?

为深空任务设计的最新商业性太空的士和"猎户座"飞船都设计了发射逃生系统,一旦火箭助推器失效,逃生系统会将乘员舱弹射出去。

更小、更快的主控计算机让宇航员能够更轻松地完成驾驶飞船、与其他飞船交会对接、再入大气层等各种操作。大部分常规性的飞行任务都可以靠自动驾驶完成,这也能减少人为的错误。计算机还能随时监测飞船的各个系统,让宇航员尽早发现异常情况并及时处理。

更可靠的维生系统将为宇航员提供更安全、更舒适的生活环境。我们还可以把月球或小行星的土壤装入沙袋堆在飞船外面,帮助船员隔绝辐射、减少撞击风险。当然,我们仍将经历失败,在没有维修店的深空中,如何确保计算机可靠地运转数年,这也是个不小的挑战。

⑳ 太空旅行安全吗?

任何人造机器都有失效的风险。乘坐飞船前往太空边缘做短期旅行的游客也需要承受4g或5g(地球重力的4~5倍)的加速度,经历数百华氏度的高温,达到每小时4860千米以上的飞行速度。2014年,维珍银河公司一架测试版的"太空船2号"商业太空飞机在飞行中解体,导致一位驾驶员丧生。通过不断的测试和激烈的竞争,这些飞船的安全性将逐渐提高,但在绑上安全带前往太空边缘之前,你必须清楚地了解太空旅行的各种风险。

第十章　瞭望太空

01 太空日出看起来是什么样的？你们每天能看到几次日出？

国际空间站大约每92分钟环绕地球运行一圈，这意味着宇航员每24个小时差不多能看到16次日出和16次日落。晨光初现时，地平线上会出现一层靛蓝色的薄薄熹光，随着光线越来越亮，地球逐渐变成一个明亮的蓝色球体，仿佛知更鸟的卵。一道彩虹沿着地球边缘迅速扩散，红色、橙色和黄色依次浮现。紧接着，日轮出现在大气层边缘，明亮的白光照亮空间站，只要大约30秒，地平线上稀薄的晨光就会化为炽烈的阳光。太空日出的色彩丰富而微妙，变化万千，就连数码相机也难以捕捉这壮丽的景象。

02 太空中的夜空看起来是什么样的？

一旦你的眼睛适应了周围的漆黑，辉煌的太空暗夜就会在你眼前铺展开来。这有点难，因为国际空间站的夜晚最多只有45分钟，而你的眼睛可能要花30分钟的时间来适应。

要看到最美的景象，宇航员必须在日落后关掉空间站里所有的灯。随着眼睛逐渐适应，你会看到壮美的银河与数以万计的繁星悬挂在地球大气层外的漆黑深空之中。能看见的星星这么多，你很难找到那些熟悉的星座，因为它们明亮的光芒淹没在了万亿星光之中。低头看看脚下的地球，你偶尔会发现燃烧的流星从大气层中掠过。

03 从太空中观察星星的时候为什么看不到它们"眨眼"？

地球的大气层总在不停地运动，流动的空气会让星光发生衍射或者说偏转，每一个瞬间，星光的传递方向都会出现细微的变化，所以在我们看来，天上的星星仿佛在眨眼一般。这种现象我们称之为"闪烁"。

而在大气层外，没了空气的阻隔，星光在太空中自由地穿梭，所以宇航员和天文望远镜观察到的星光都很稳定。大气层会干扰、吸收光线，所以天文学家才会把哈勃、钱德拉、斯皮策、康普顿等大型观测设备发射到太空中。不久后，我们还将探测红外线（恒星和星系的热量会以红外线的形式向外释放）的下一代观测设备詹姆斯·韦伯空间望远镜送上太空。

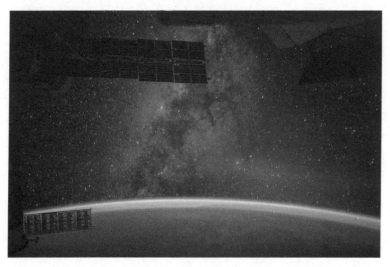

●国际空间站上的银河夜景。（NASA）

●这张照片是宇航员在执行"哥伦比亚号"航天飞机STS-40任务时面朝东北方拍摄的，左侧是苏必利尔湖和密歇根湖，除此以外，我们还能看到其他三大湖的部分水域。

04 国际空间站的飞行轨迹会覆盖地球上的哪些区域？

空间站运行的轨道平面与赤道成51.6°的夹角，所以空间站的飞行轨迹覆盖了地面上北纬51.6°到南纬51.6°之间的所有区域。天上的宇航员能看到地上的山川湖海，从北边的五大湖到美洲最南端，从西伯利亚中部到新西兰南部。

05 你们在太空中能看到中国的长城吗？

长城是用泥砖和天然的石头筑成的，这些材料的颜色和周围的背景颜色差不多。而且长城的平均宽度只有约5米，如果光靠裸眼，宇航员很难看到它。不过，从轨道上拍摄的照片中我们可以找到这座历史性建筑。宇航员可以利用数码相机和超长焦镜头拍摄长城所在的区域。虽然你不能从飞船的窗户里看到长城，但是你当然可以从放大的照片上欣赏它的英姿。

06 太空中的宇航员用裸眼能看到哪些文明的证据？

在近地轨道的国际空间站或飞船上，宇航员能看到人类文明留下的诸多痕迹。人类的眼睛特别擅长分辨图案和直线，所以在白天，我们可以轻松看到高速公路、铁路、机场跑道、飞机在天空中留下的航迹和海面上的船舶尾迹。城市成了地面上的一个个灰点。而在晚上，人口密集的区域宛如黑丝绒上的钻石般闪亮，密如蛛网的高速公路连接着一个个城市——人类文明在这颗星球上绘出了动人心魄的美景。你可以在NASA的"太空地球照片"网站上看到这些照片：eol.jsc.nasa.gov.

07 太空中看到的城市是什么样的？

白天你能看到地面的天然植被中点缀着灰色的斑块，那是道路、砖石墙壁和城市的屋顶。人口密集的城市会产生烟雾和污染，所以这些斑块有时候不是很清晰。比起那些坐落在农业区或森林区的城市来，沙漠中的城市和周围覆盖着冬雪的城市更加显眼。沿着切萨皮克湾的海岸线轮廓，我可以轻而易举地找到自己的家乡——马里兰州巴尔的摩市。

●这张太空雷达照片是我第一次执行航天飞机任务时拍摄的，照片中可以看到一段长城，它与北京的距离大约是730千米。照片中竖直的线条就是长城，这段城墙修建于15世纪。（NASA）

● "亚特兰蒂斯号" 轨道器在执行 STS-98 任务时拍到的马里兰州巴尔的摩市。（NASA）

08 你会如何描绘太空中看到的地球？

　　在太空中瞭望地球就像在上一堂生动的地理课！这颗星球令人着迷，整个地面仿佛一块巨大的调色板，鲜艳的颜色与柔和的过渡色水乳交融，瞬息万变，但不变的是它的美丽。在太空中你能看到湛蓝的海洋、亮黄色的撒哈拉沙漠、墨绿色的热带雨林、秋日深褐色的阿巴拉契亚山和起伏不平的喜马拉雅山。

　　在160千米的高空中俯瞰这颗点缀在漆黑太空中的行星，你一定会感受到那扑面而来的震撼之美。我很庆幸自己在发射前恶补过一阵子地理，回来以后，我迫切地想要了解自己在太空中看到过的地方。这样的渴望已经变成了我一生的爱好。

从地球上观察，ISS在天空中移动，就像一颗明亮的星星。在凌晨和薄暮的光线下，你可以轻松地用裸眼看到它，不需要任何望远镜。看到ISS总让人感触良深——想想看，那个小小的光点上生活着6个活生生的人。要想知道你所在的地点何时能看到国际空间站，请访问NASA的"寻找空间站"网站：spotthestation.nasa.gov.

10 你们在太空中会觉得月亮和行星看起来更近了吗？

近地轨道上看到的月亮并没有显得更近，不过它的颜色会变成苍白，完全不像是我们在地球上看到的昏黄月色。

空间站在地球的阴影中运行时，宇航员可以用裸眼看到五颗行星：水星、金星、火星、木星和土星。国际空间站离地面的距离只有390千米，所以这些星星看起来和地球上夜空晴朗的时候并无太大区别。因为太阳系最近的行星离我们也有3890万千米，所以它们看起来一点儿都没有变近。

一旦你的眼睛适应了夜晚的黑暗——这个过程大约需要半小时——你会发现，火星比地球上看到的更红，而土星变得更黄。其实只要有个双筒望远镜或者小型天文望远镜，你也可以在自家后院里观察红火星、黄土星、明亮的金星、快速运行的水星和巨大的木星。

⑪ 地球上的极光是怎么产生的？太空中的宇航员能看到极光吗？

迷人的北极光和南极光是太空之旅中最难忘的景象之一。太阳喷出的带电粒子形成的太阳风与稀薄的顶层大气摩擦，在地球的夜空中划出一道道斑斓的彩光。

太阳风由带电的质子和电子组成，它沿着地球的磁场线流向南北两个磁极，激发100千米高空中的氮原子和氧原子；被激发的原子捕获电子或者与附近的其他原子碰撞，释放出光。被激发的氧原子发出的光主要是绿色的，而氮原子的光是红色的。国际空间站的运行轨道离地球的南北极不远，宇航员有时候甚至会感觉自己在极光的帘幕中滑行。

● 32号远征队执行任务期间，国际空间站的机械臂在极光的帘幕中滑过。（NASA）

⑫ **在太空中拍摄地球照片很困难吗?**

　　从国际空间站向外眺望，地球占据了整整半个天空，所以我们随时都能欣赏母星的动人美景。宇航员都接受过NASA专家长达数年的摄影培训，所以他们可以在轨道上

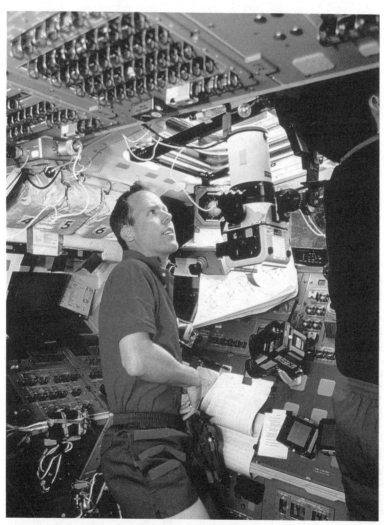

●本书作者在太空中操作一台250mm的林哈夫相机。

拍摄科考照片和美丽的景色。不过要注意的是，飞船的运行速度高达8千米/秒，为了拍出清晰的照片，宇航员必须使用极短的快门时间（1/500秒以内）。

由于阳光下的地球景色对比度很高——有白得刺眼的云朵和雪地，也有绿色的植被和棕褐色的地面——所以曝光控制（进入相机的光线多少）就显得尤为重要。宇航员使用相机内置的测光计来设置镜头打开的时间。为了保证万无一失，我们常常会拍摄几张曝光时间各不相同的照片，然后挑出效果最好的一张。

⑬ 宇航员用的摄影器材是什么样的？

比起胶片相机来，国际空间站上的宇航员更喜欢数码相机，原因如下：胶片在太空中最多只能保存几周，宇宙射线很快就会破坏未曝光的底片，如果使用数码相机，地

●国际空间站穹顶舱内准备就绪的相机组，你们看到的很多地球照片就来自这些设备。（NASA）

面人员就不用经常为空间站补充新鲜胶片了；而且数码照片只需要短短几个小时就能传回地球。

空间站上的宇航员使用专业级的数码单反机身和各种广角、长焦镜头拍摄照片。他们会在笔记本电脑上查看、挑选照片，然后通过无线电把这些照片传给休斯敦的地球观测专家。货运飞船会送来替代的摄影器材，宇航员也会把损坏的设备和数码照片的备份送回地球。

---

⑭ **照片能完整地体现出你们在太空中看到的地球美景吗？**

要捕捉壮观的景色和稍纵即逝的色彩，眼睛总是比镜头更强。不过有的相机能够拍出接近人眼的质感。巨幕上的IMAX格式影片提供的宽度和亮度让普通人也能体会宇航员在太空中感受到的震撼。

● "阿波罗17号"飞船在月球附近拍摄了这张著名的地球全景照片，很多人因为这张照片开始向往太空旅游，他们希望亲眼看到这样的美景。（NASA）

而在夜间，数码相机能捕捉到宇航员的裸眼看不到的诸多细节，例如美丽的城市灯光和极光。不过，照片中你看不到地球色彩的微妙变化，看不到大气层边缘那薄薄的一道橙光，也看不到三维的气象奇观，例如雷暴、飓风和火山喷发。迄今为止，宇航员从飞船和国际空间站上发回地球的数码照片已经有上百万张，想欣赏这些美景，你可以访问NASA的"太空地球照片"网站：eol.jsc.nasa.gov.

●国际空间站上看到的"美莎克"台风风眼。（NASA）

⑮ **宇航员在轨道上拍摄过"阿波罗任务"登月点的特写照片吗？**

乘坐"阿波罗任务"绕月飞行的宇航员没有足够强大

的相机，所以他们拍不到地面上的登月舱、设备和旗帜。无人驾驶的月球勘测轨道飞行器倒是拍到了"阿波罗任务"留下的历史遗迹，我们看到了月面车的车辙、登月舱的降落推进器、各种科学设备和宇航员行走的痕迹。美国宇航员插在月球上的旗帜还在，但旗面的尼龙纤维已经被太阳强烈的紫外线晒得发白了。

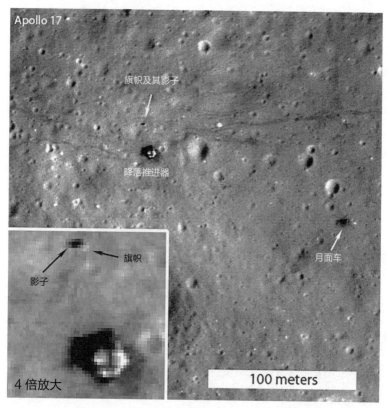

● 月球勘测轨道飞行器拍摄的"阿波罗16号"登陆点和1972年插下的美国国旗。黑色物体是登月舱降落推进器，画面右侧箭头指的是停下来的月面车。（NASA）

　　迄今为止，宇航员尚未发现外星生命存在的证据。经常有人宣称飞船发回来的照片上有不明飞行物（UFO），但最后我们总是发现，那些物体是冰晶、飘浮的太空垃圾、金星或者下方黑色的大气层中划过的流星。虽然人类一直在寻找地外生命和智慧生命，但是直到现在，我们仍未找到外星文明的任何证据。

　　天文学家已经发现了超过一千颗系外行星，而我们的银河系里至少有1000亿颗恒星。所以银河的某个角落里的确很有可能存在其他生命甚至智慧生命，我个人认为，我们在太阳系里或许就能找到一些简单的生命形式，比如说在火星上，或者在那些巨行星的卫星上。

●开普勒-186f是我们确认的第一颗位于宜居带的大小与地球相仿的系外行星，艺术家为它绘制了这幅概念图。（NASA Ames/SETI研究所/JPL-加州理工）

物理学告诉我们，恒星际旅行十分困难，对外星文明也同样如此。就算外星人真的拥有恒星际旅行的能力，那么他们又有什么理由非要拜访我们这颗平凡无奇的太阳呢？无论如何，我们一直在太阳系内各个可能的地点寻找外星微生物的踪影，充满希望地聆听来自太空的声音，希望收到遥远文明的无线电信号或激光信号。

---

⑰ 在太空中看到地球以后，你对地球的感觉变了吗？

地球哺育了人类社会，它还将继续哺育我们的子孙后

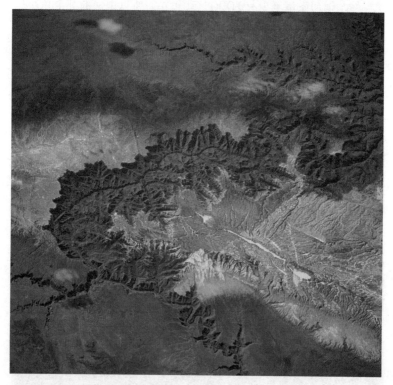

●从"发现号"航天飞机上看到的亚利桑那州大峡谷。科罗拉多河从大峡谷南（图左）北（图右）两侧白雪覆盖的森林中穿过。（NASA）

代，所以人类应该负起责任，善待地球。经历了太空旅行之后，我更坚定了这一信念。我喜欢研究地球不断变化的地质、多姿多彩的环境和充满多样性的生命形式，我也非常热爱大自然，想要探索这颗星球的诸多自然奇观。在太空中欣赏地球美景让我更加渴望走出家门，真切地体会地球母亲的所有细节。

第十一章　离开太空

① 宇航员如何安全地返回地球？

　　要停留在近地轨道上，飞船必须保持大约每小时28350千米的运行速度。国际空间站上的宇航员准备乘坐运输飞船返回地球的时候，他们只需要让飞船每小时减速325千米左右。制动火箭点火后会提供推力让飞船减速进入地球大气层，然后空气阻力又会进一步减缓飞船的速度。

　　此时飞船的速度仍有25倍声速左右，上层大气中的分子不断与高速运行的飞船发生碰撞，在船头前方形成一道强大的高压激波。激波释放出的热量和空气分子摩擦产生的热冲击着飞船的外壳，飞船周围的气温上升到3000 ℉（1650℃）以上。飞船的动能不断转化为热能释放到大气层里，在这个过程中，隔热罩保护着飞船的物理结构和船舱里的宇航员。最后，飞船的速度终于降低到了足够慢的程度，可以展开降落伞（例如"联盟号"载人"龙"飞船和"CST-100星轮号"）或直接降落在跑道上（例如航天飞机或设想中的"逐梦者"太空飞机）。

② 再入大气层之前，你们会做哪些准备？

　　出发前夜，我们的团队会花几个小时整理所有科学设备、准备日常用品和食物、收拾返回舱。我们会装好轨道器的折叠座椅，准备好宇航服以备次日使用。

　　到了返回当天，我们会提前大约四个小时检查整个流程的所有事项，然后点燃制动火箭踏上归途。部分船员会在胸口贴上传感器，再套上臂带，记录再入大气层期间的脉搏、心电图和血压。吃完早餐以后，我们开始互相帮忙穿宇航服。两位船员会帮助其他同事穿好笨重的橙色高级逃生系统航天服，套上降落伞包，然后其他人再帮他们穿好航天服。头盔和手套留着稍后再戴。

在着陆之前大约1小时，我们每个人都会喝5杯（1升出头一点）的热鸡汤或者加了盐片的水，以此来补足体液，预防再入大气层和着陆过程中的晕眩感。

---

⑬ 再入大气层和火箭发射一样激动人心吗？

再入大气层比发射更让我激动，原因有几个。发射期间，飞行甲板的窗户外面只有空荡荡的天空；而在返回的时候，地球的身影在窗外飞速掠过，飞船与空气分子摩擦产生的炽热等离子体包裹着整个船舱，看起来惊心动魄。飞船的前窗、侧窗和顶窗都笼罩在光辉中，持续20分钟以上。

火箭发射时能听到震耳欲聋的轰鸣，再入大气层却是安静无声的，而且几乎没有任何振动，不过在最后的五分钟里，航天飞机在跑道附近冲破音障，这时候会有一阵抖动。航天飞机再入大气层的过程中，宇航员只需要承受1.7g的减速力，还不到平时重力的2倍；不过减速力会持续整整10分钟，在自由落体状态下生活了几周以后，这个过程相当痛苦。在"几乎算是正常"的重力下，我的肩膀和手臂都被压塌了。

最后，航天飞机在着陆场上空盘旋几圈，逐渐降低高度，最终在所有人的期待中冲上跑道。在最后的几秒钟里，我们的指挥官会竭尽所能减轻落地的冲击——和所有的载人飞行器驾驶者一样!

04 再入大气层过程中你看到了什么?

航天飞机以25马赫(25倍声速)的速度一头扎入大气层,摩擦力让周围的空气迅速升温到3000℉(1650℃)以上,整架航天飞机都包裹在一层耀眼的等离子体中,仿佛一枚白色的茧。

航天飞机前窗笼罩着一层橙色的虹光,到了侧舱门外,光线就变成了亮粉色和樱桃红,头顶的天窗外拖着一条亮得发白的气体尾迹,黄色和紫色的条带点缀其间。航天飞机前端不断有火花飘落,融入后方的白光之中,仿佛彗星的尾巴。这么多颜色混合在一起,船舱里的光线显得十分古怪。我们以20马赫的速度冲向着陆场,透过侧窗,我能看见地面上的景色以目不暇接的速度从眼前掠过,低处飞行的客机仿佛凝固在空中。

航天飞机速度逐渐降低到10马赫的时候,这场"灯光秀"终于落下了帷幕。从这时候开始,我们将以令人窒息的速度冲向着陆场。航天飞机从4500米下降到600米的过程中,我们会看到跑道从"头顶"掠过;随后指挥官娴熟地拉起,轻轻降落在混凝土地面上。

05 再入大气层过程中你感觉如何?

制动火箭将航天飞机推出轨道以后,我们会在空荡荡的太空中飞行大约20分钟,然后滑入大气顶层。航天飞机继续以25马赫(25倍声速)的速度无声地降落,但空气的摩擦力会让航天飞机外壳迅速开始发热。

空气阻力很快就让我们再次体会到了地球的引力，两个星期以来，我第一次重新感觉到自己的身体沉甸甸地压在座位上。在航天飞机从25马赫减速到10马赫的过程中，我们没有感觉到任何振动，只有无所不在的减速力笼罩着我们的身体，感觉像是一只大手压在肩头。不过，进入底层大气以后，我们立即听到了气流——船舱外飞掠而过的空气的轰鸣和航天飞机的剧烈振动。我的同事们说，这是返回地球的"崎岖之路"。

06 飞船重新进入大气层的角度为什么很重要？

从近地轨道返回地球的时候，飞行轨迹角——你的飞行轨迹与水平线之间的夹角——非常重要。在每小时27000千米的速度下，如果飞行轨迹角过窄，你可能会被弹回大气层外。当然，你还会掉下来——地球引力不会放过你——但你很可能会错过着陆场。要是执行月球任务的飞船在返回地球时飞行轨迹角过窄，那么你可能会被弹射到很高的地球轨道上，直到氧气和补给耗尽，你也等不到下一次再入大气层的机会。

而要是轨迹角太大，你的飞船会过快地进入密度更高的低层大气，导致飞船减速过快、温度过高，最终撞毁或烧毁。

"联盟号"飞船从ISS返回地球时的再入轨迹角是-1.35度。乘坐航天飞机的时候，我们尽量把再入角控制在-1度到-2度之间。"阿波罗号"飞船从月球返回时的轨迹角大约是-6.5度。

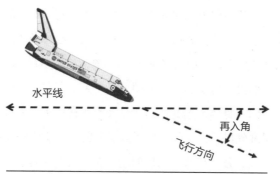

水平线

再入角

飞行方向

再入大气层飞行轨迹角是指水平线（地球表面）与航天飞机运动方向之间的夹角。（本书作者）

07 再入大气层时飞船外的温度为什么会升高？

飞船以25倍声速（执行月球任务或行星任务的飞船速度更快）进入大气层，与顶层大气里的空气分子发生激

●再入大气层产生的超热等离子体在航天飞机窗外发出耀眼的白光。（NASA）

烈的碰撞。这些分子无法绕着飞船平滑地流过——事实上，大部分分子根本来不及散开。这样的超声速碰撞会产生一道高压激波，分子撕裂产生的原子被加热到极高的温度，有时候高达3000 ℉（1650℃）以上。空气摩擦力对再入大气层高热的贡献大约有20%。

高温会剥离原子的电子，在飞船周围形成一层炽热的等离子体，灼烧飞船外壳。如果没有隔热罩，这层超高温等离子体会熔化无保护的船壳，摧毁整艘飞船，杀死所有船员。

08 飞船有哪些保护措施可以应对再入大气层的高热？

现在的载人飞船通常会使用烧蚀式的隔热罩。这种类似塑料的树脂材料在高温下会炭化消融蒸发，带走大量的热。因为烧蚀式隔热罩的大部分材料会在再入过程中烧毁，

● 2014年，"猎户座"飞船进行了一次飞行测试，烧蚀性隔热罩炭化后变得黑漆漆的。（NASA）

185

所以它无法重复使用。

航天飞机用的是硅陶瓷制成的可重复使用隔热瓦。它像泡沫塑料一样轻，隔热性能又十分强大。航天飞机的机鼻和机翼前侧是承受温度最高的部位，所以工程师使用强化碳复合材料来制作这些结构。"逐梦者"太空飞机和X-37B无人迷你航天飞机采用的仍是可重复使用的隔热瓦，不过这种材料相对比较脆弱，一旦受损就需要花很多钱来做检测甚至彻底更换。

---

09 航天飞机着陆时颠簸得厉害吗？

　　我曾经四次乘坐航天飞机着陆，颠簸的程度并不比优

●执行完航天飞机STS-98任务以后，"亚特兰蒂斯号"轨道器带着我们的小队从国际空间站回家。（NASA）

秀的飞机着陆更厉害。我们的指挥官曾在模拟器和训练机里练习过上千次航天飞机的着陆动作，陪伴他的是 NASA 的专业导师和其他经验丰富的航天飞机指挥官。其中有一次，我们的轨道器在肯尼迪航天中心着陆时轻得我根本没有觉察到，直到飞行软件的状态切换成了"地面"，我才发现我们已经安全回家。

---

⑩ 飞船在再入过程中会遇到哪些问题？

　　1962年，约翰·格伦乘坐的"友谊7号"飞船上有一枚传感器出了错，误报飞船的隔热罩松动。这次警报只是虚惊一场，但当时舱内的宇航员都觉得自己会和飞船一起灰飞烟灭。1967年，太空人弗拉基米尔·科马洛夫的"联盟1号"飞船在再入大气层时颠簸失控，降落伞绳发生缠绕无法正常打开，最终科马洛夫在撞击中牺牲。2003年，滚烫的等离子体穿透了"哥伦比亚号"航天飞机左翼受损的隔热板，破坏了飞船结构，全体船员丧生。2008年，"联盟号"TMA-11服务模块与船员乘坐的返回舱未能成功分离，导航系统不得不操纵飞船以陡峭的角度再入大气层。飞行中险象环生，高热对飞船造成了严重的破坏，整个船舱烟雾弥漫，着陆过程也相当颠簸，不过好在三位宇航员都活了下来。这样的再入过程实在太刺激了。

---

⑪ "联盟号"和国际空间站使用的其他运输飞船再入大气层的过程通常是什么样的？

　　大约在着陆前3.5小时，飞船与ISS分离。2.5个小时以后，船员点燃制动火箭，将飞船推出轨道送入大气层。脱轨推进大约持续4.5分钟，在这个过程中，飞船的速度不断下降，为再入大气层做好准备。大约30分钟后，无人乘坐的轨道模块和设备模块与返回舱分离，随后返回舱进入地面上空122000米的顶层大气。经历了再入大气层的高温折磨后，"联盟号"会展开一个小小的降落伞（引导伞），在着陆前的最后15分钟里，它会让飞船的姿态稳定下来。

下一个关键步骤发生在8500米的高空中，飞船的主降落伞打开，进一步减缓速度。船员会感觉到整个飞船猛地一震！如果主降落伞失效，返回舱还有备用的降落伞，因为它关系着所有船员的生死存亡。为了缓冲着陆时的撞击，"联盟号"会在着陆前1秒点燃两组制动火箭。虽然返回舱内的座椅都使用了专门的缓冲坐垫和内衬，但是飞船降落在哈萨克斯坦平原上的那个瞬间，宇航员仍会感觉到强大的冲击力。

未来的载人"龙"飞船将利用降落伞在海面上冲击着陆，而CST-100宇宙飞船会一头扎入地面的气垫层。这两种飞船的乘员都能清晰地感受到地球母亲的热烈欢迎。

---

⑫ **机翼或降落伞是飞船返回地球的最佳选择吗？**

每种方案都各有优点和缺点。有翼飞行器会减轻着陆时的颠簸，对飞船和船员的损伤也最小；但这样的太空飞机需要配备大型隔热罩，而且它的着陆配件、液压飞控系统和刹车系统会大大增加飞船的复杂度和重量。所以，机翼和轮子相当昂贵。

"联盟号"载人"龙"飞船和CST-100这样的小型载人飞船会配备1～3个降落伞来保证安全着陆。降落伞结构简单、可靠性高，但风和降落速度都会影响着陆的颠簸程度。曾经有位宇航员说，"联盟号"着陆时"就像满满一车

●测试版的"猎户座"飞船靠降落伞减速后在弗吉尼亚州NASA兰利研究中心的水池里冲击着陆。（NASA）

砖块"砸在地面上。撞击之前他明智地不再说话，免得把自己的舌头咬掉。海上着陆的冲击力通常会小一些，但含盐的海水也会侵蚀电子系统和轻质金属壳，最终可能影响飞船的复用性。软着陆火箭和缓冲气囊需要占用额外的重量，所以NASA为"猎户座"飞船选定了水上着陆的方案。

⑬ 回到地球的重力环境中，你的身体有何反应？

再入过程中，减速力将宇航服沉甸甸地压在我的肩膀和手臂上，头盔向前倾斜，压迫着我的胸腔。在自由落体状态下生活了三周，重新回到地球的重力环境中，我觉得自己的身体异常笨重。着陆以后，我的胳膊和腿感觉像是灌了铅，光是从座位上站起来就耗尽了我全身的力气，我步履蹒跚地走到门边，在地面人员的帮助下打开舱门。

大约三十分钟后，我的感觉基本恢复了正常，不过平衡感又带来了新的问题。走路时我必须全神贯注、小心翼翼，而且双脚分得很开。走直线相当困难，转弯的时候我还可能撞墙。肌肉恢复也需要时间。某次着陆后，诊所的工作人员递给我一杯冰凉的葡萄汁，结果我忘了抓紧杯子，它直接掉到了新地毯上。

回到地球几天以后，我才能正常地弯腰捡起地上的东西，而不是一头栽倒在地。平衡感和身体的平衡能力差不多过了三天才恢复过来。

乘坐"哥伦比亚号"返回地球两天后，我试图开车前往航天中心翻阅我们在太空中拍摄的地球照片。结果刚刚开到三幢房子以外的街口，我的车就在右转弯时撞上了马路牙子。于是我只好把车停在原地，小心翼翼地走回家里，请我的夫人开车带我去照片室。

⑭ **宇航员在国际空间站上待了几个月以后返回地球会是什么感觉？**

　　宇航员的身体需要重新适应熟悉但令人疲惫的重力，与此同时，他们还得忍受各种各样的不适，其中包括乏力、头痛、脸色苍白、眩晕、多汗、恶心甚至呕吐。某些不适症状可能持续一周。所以宇航员在返回地球的头一周里常常会打盹，或者瘫在长沙发上等待身体重新适应重力，这都完全可以理解。一位宇航员告诉我，回来以后的第一周，他在总结报告会上睡着了，结果从沙发侧边一头栽了下去——屋子里还有一群来听报告的工程师！

⑮ **你最喜欢哪次任务？**

　　我一共执行过四次航天任务，每一次都会带来新的体验、尝试和欢乐。乘坐"奋进号"完成了两次地球观察任

● "亚特兰蒂斯号"轨道器与国际空间站分离后的照片，当时本书作者正在这架航天飞机上执行STS-98任务。（NASA）

务（STS-59和STS-68）以后，我有幸乘坐"哥伦比亚号"执行了一次相当特别的卫星发射任务（STS-80）。这一次，我们的团队创造了航天飞机任务时间的最长纪录——18天。最后，我乘坐"亚特兰蒂斯号"执行了STS-98任务，完成了国际空间站的部分建造工作，还做了三次太空行走。

最后这次任务几乎囊括了宇航员在航天飞机上能经历的所有事情：升空、交会、对接、操纵机械臂、太空行走、访问并修建空间站、在轨道上与ISS小组会面、返回地球。每次任务都是我职业生涯中的辉煌时刻，我该怎么挑一个最喜欢的呢？

第十二章　回到地球

01 从太空中回来以后你最喜欢地球上的哪些东西？

刚刚回到地球的时候，我总是贪婪地呼吸地球上丰富的气味，享受微风的轻抚和阳光的温暖。接下来我开始期盼与家人的重逢。紧张的训练、充满危险和压力的任务持续数月，一切结束以后，我盼望回归普通的家庭生活。除此以外，我还盼着能洗个热水澡，睡个无人打扰的好觉，敞开肚子吃一顿比萨、奶酪汉堡和新鲜水果。

02 宇航员返回地球以后该怎么回家？

完成国际空间站的远征任务后，宇航员乘坐"联盟号"飞船在哈萨克斯坦的大草原上着陆。经过初步的医学评估后，俄罗斯救援部队的直升机会将船员送往附近的卡拉干达机场。俄罗斯的太空人会从这里返回莫斯科郊外的星城。

美国宇航员会在卡拉干达登上NASA的喷气机，机上配有飞行医生和后勤团队。凯旋的宇航员舒舒服服地躺在长沙发上，乘坐飞机直接返回休斯敦。他们会在约翰逊航天中心做一次彻底的身体检查，然后飞行医生才能放心地让他们进入复健流程。返回地球的24小时内，宇航员需要完成回国、体检等一系列事情，然后再与家人团聚。

乘坐商业飞船的宇航员在美国的领海或领土上冲击着陆后会立即接受初步的体检，然后飞回休斯敦正式开始复健流程。

从国际空间站回来的宇航员需要时间来重新适应地球重力。返回地球的第一天,他们会留在约翰逊航天中心的宿舍里接受初步的医学检查,研究者和飞行医生会全面评估他们的身体情况。

接下来的三周里,宇航员需要进行一系列密集的测试和恢复练习,在此期间,医生会密切监测他们的身体状况。每天的医学测试和复健疗程至少需要花费2个小时。其中一部分课程是医生根据每位宇航员的身体情况量身定制的,而另一部分科学测试主要是为了研究长期太空旅行对宇航员身体的影响。这段时间里,宇航员的主要任务就是练习走路和平衡技巧,除此以外几乎不需要做其他工作。

队员每天都需要参加复健课程,经过几周的休息,他们会开始撰写总结报告、整理照片,不过每天的复健依然

● 2014年12月,"猎户座"飞船完成试飞任务后在太平洋上冲击着陆。(NASA)

不能落下。在此期间，他们会向飞行控制员、工程师、指导员和其他准备进入太空的宇航员报告此次任务的所有细节。全体队员会合作撰写一份远征报告，分别发送给休斯敦和莫斯科的ISS项目管理人员。返回地球2~6个月后，ISS宇航员会得到一次假期，这是他们应得的；接下来，他们会重新回到正常的工作节奏中。

（04）宇航员回到地球后可能遇到哪些健康问题？

从国际空间站返回地球的宇航员会觉得自己的身体特别沉重，这样的感觉可能会持续一周左右。虽然他们在太空中每天都会努力锻炼身体，但地球上如影随形的重力仍会让他们疲惫不堪。大部分宇航员在着陆后立即就能行走，但他们的步伐并不稳定，而且走起来会感觉很累。因为太空中人体内的血液会减少，所以宇航员在刚回来的几天里会有点脱水；他们需要多喝水，但有时候喝太多水又会头晕。

部分ISS宇航员每个月会损失1%的骨重，不过更有效的力量训练缓解了这个问题，因为新器械能锻炼到那些需要承重的骨头。由于训练得当，ISS宇航员的肌肉质量和心肺功能几乎不会受到影响，但他们的平衡协调能力仍需要时间来恢复。在太空中的几个月里，宇航员的脑子已经习惯了忽略内耳平衡器官发出的信号，所以回到地球以后，他们会有点分不清哪边是"下"。不过这种情况很少持续一周以上。

半数以上的ISS宇航员都会面临一个严重的问题：视力衰退（通常是远视）。而且这种症状在着陆后依然不会消失。眼科检查表明，宇航员眼部的异常情况与颅内液压过高的患者十分相似。研究者怀疑，这可能是因为自由落体状态下体液向脑部转移，压迫了视神经和（或）视网膜，导致宇航员视力衰退。

⑤ 宇航员着陆后需要接受哪些医学检查？

　　着陆后的体检会检查宇航员的心肺功能、视力、听力、反射和平衡能力。从国际空间站返回地球的宇航员平衡能力都会严重受损。做这项测试的时候，宇航员站在一个平台上，飞行医生会调整平台向各个角度倾斜，然后观察宇航员的反应。为了评估恢复程度，调查者让我从平躺的状态旋转到直立姿势，同时用超声波检查我在这个过程中的心脏血液输出情况。他们还让我蹬动感单车，同时监测我的氧气摄入量，以此来比较飞行前后的心肺功能。

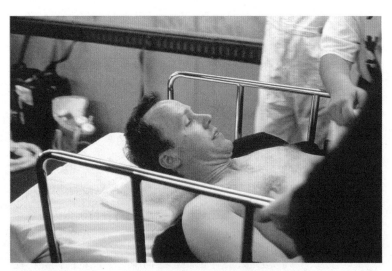

●本书作者乘坐"奋进号"完成STS-68任务后接受医学检查。（NASA）

整个康复过程需要4~6周。着陆以后，宇航员会参加一系列复健课程，让自己的协调能力、耐力和力量恢复到发射前的水平。恢复平衡感至少需要一两周时间。为了避免摔倒，他们甚至会坐在浴缸里淋浴。

整个复健计划将持续45天，在此期间，宇航员每个工作日都需要锻炼2小时。第一阶段的重点是练习走路、增强身体灵活性、强化肌肉；第二阶段会增加平衡训练和有氧运动；最后一个阶段则是全面的恢复性训练。复健教练会帮助每位宇航员找到最适合自己的康复节奏，我们起初会在水里游泳、走路，然后在跑步机上或者去户外行走，

● 2015年6月，"联盟号"TMA-11飞船着陆，NASA宇航员特里·弗茨成功出舱。（NASA）

接下来去健身房锻炼，最后才会开始慢跑和跑步。

回到地面以后，身体的协调能力会慢慢恢复，不过宇航员通常要到一个多月以后才能重新捡起自己喜欢的运动项目。飞行医生建议，在着陆后的前三个星期里，宇航员最好连想都别去想自己的车钥匙。不过复健计划效果很好，经过4~6周的训练，几乎所有人都能回到正常的工作和生活中去，很少有人会遭遇长期的健康问题。

---

07 从太空回到地球以后，你的睡眠还正常吗？

在轨道上待了18天以后，回到地球的第一夜，我睡得断断续续的。在梦里，我感觉自己的身体失去了控制，于是我飘向天花板，停在了空中！那真是古怪又不安的一夜！不过就算睡得不是很好，我也挺满足的，因为在此之前我已经差不多整整24个小时没合过眼了。

---

08 太空飞行会对人体造成什么长期负面影响吗？

好消息是，宇航员回到地球后，大部分身体系统都会逐渐恢复正常。已经有不少宇航员和太空人在轨道上生活了六个月甚至更长时间，不过目前为止，我们尚未发现任何人出现明显的长期问题。

不过在着陆后，某些宇航员视力减退的症状仍未消失，对未来的国际空间站小组来说，这可能是个隐患。NASA的健康专家多年来一直在跟踪记录太空中归来的宇航员的身体情况，密切关注任何可能的问题。因此，直到现在，NASA每年还会为我做一次体检。比如说，我们知道太空生活会造成一定的骨质损失，但我们不能确定的是，随着宇航员年龄的增长，这样的损失是否会增加骨折的风险。

执行过太空行走任务的NASA宇航员罹患白内障的风险似乎会略微升高，这可能是因为他们在舱外经受了更高的辐射。

---

⑨ 你们上天执行任务能得到额外的奖金吗？

　　大家可能觉得上天多拿奖金理所当然，但实际上，作为联邦雇员，NASA宇航员不会因为执行飞行任务而拿到任何额外的报酬，NASA也不会按照飞行里程来奖励太空"常旅客"。如果你像我一样累积了23600万千米的飞行里程，那你肯定会觉得这有点伤人！从太空中归来的宇航员并不会自动升职，不过要是你在任务中表现良好，这肯定有助于你未来的职业生涯，无论是在军队里还是在其他政府部门。美国宇航员最高可升到公务员GS-15职级或上校军衔。俄罗斯的太空人拿的薪水比NASA宇航员少，但如果执行了一些重要的任务——例如太空行走、机动飞行交会、对接操作和重要实验——政府会为他们提供额外的奖金。

---

⑩ 宇航员这份职业能干多久？

　　只要能通过每年的飞行体检，并且愿意继续为人类航天事业做贡献，宇航员可以想干多久就干多久。在我执行"哥伦比亚号"航天飞机STS-80任务的时候，同组的斯多里·马斯格雷夫博士已经61岁了，他是年龄最大的职业宇航员。1998年，77岁的约翰·格伦（1962年，他成为第一位飞上地球轨道的美国人）还曾以航天飞机载荷专家的身份再次进入太空。资深宇航员丰富的太空经验是无价的瑰宝，所以NASA经常会请退役的宇航员担任管理职位。

● 2015年，蓝色起源公司的"新雪帕德号"商业亚轨道飞船进行飞行测试。（蓝色起源，LLC）

不过，很多50多岁的宇航员仍能圆满胜任国际空间站的飞行任务。

⑪ 所有宇航员都会执行一次以上的太空任务吗？

如果你在轨道上表现良好，那么局里一般都会给你安排后续的飞行任务。宇航员积攒太空经验的代价十分昂贵，NASA当然希望善加利用老兵的经验。比起航天飞机的辉煌年代，今天的宇航员能得到的飞行机会少了很多。每年NASA大约只有6位宇航员能登上ISS，而在20世纪90年代，每年都会有30位以上的宇航员乘坐航天飞机进入太空。现在的宇航员可能需要等待5～10年才能得到一次上天的机会，而在他们回来以后，下一次任务或许还要再等5年。

⑫ 退役后的宇航员会从事哪些工作?

宇航员可能会回到自己原来的工作岗位上,例如回军队继续服役、回学校继续学业或研究工作,也可能进入航天业的公司工作。我自己有个太空飞行顾问的身份,同时我也会写一些书和文章,还经常发表公开演讲。我希望能够说服政策制定者,让他们看到月球和小行星探索可能带来的巨大收益:开采有价值的原材料、积累深空任务的经验、阻止小行星撞击地球。除此以外,我还是多个业内组织的志愿者,其中包括太空探险者协会、宇航员奖学金基金会和宇航员纪念基金会。

⑬ 你还会回到太空中吗?

不离婚就别想啦。

⑭ 在太空中你可以想做什么就做什么吗?

我在太空中的生活节奏非常紧张,而且每一天我都希望用新的体验填满所有空隙时间。要说有什么遗憾的话,我最后悔的是在舱外太空行走的时候没能多看看周围的景色——要干的活儿实在太多!空间站里还有那么多任务需要我们去完成,我几乎抽不出空来欣赏周围的世界。直到最后一次太空行走时我才抓到了一个机会,在那短短的几分钟里,我贪婪地欣赏着天堂和大地的美景。当时正是夜晚,后来我曾无数次希望自己当时能关掉头盔的灯,彻底融入到漫天的繁星和银河中去。

我曾三次乘坐航天飞机执行科学任务,在最后一次任务中,我还参与建造了有史以来最大、最复杂的飞船——国际空间站,对此我感到万分荣幸。要是当时 NASA 有其他的探索计划，我也会怀着同样骄傲的心情前往月球或近地小行星执行任务。

⑮ 成为宇航员需要付出那么多努力，你觉得这值得吗？

宇航员这份工作是我职业生涯的巅峰，太空体验也是我在工作中经历过的最震撼、最值得记忆的事件。早在第一次任务时我就已明白，一切的准备和训练都是值得的。宇航员这份工作当然很难，但它总是充满乐趣。我经常告诉大家，在太空中的那段时间是我一生中工作最努力的时候，也是我笑得最多的时候。实际上，在轨道上执行任务时，一天下来我经常笑得脸都疼了。

● 本书作者在"奋进号"的飞行甲板上观察地球，当时他正在执行航天飞机STS-68任务。（NASA）

⑯ 你还和以前的宇航员同事有联系吗？

我和同伴曾经并肩训练多年，也曾共同分享紧张而激动人心的太空岁月，这段经历让我们成了可以互相托付生死的好友。正是因为这样亲密的关系，所以在重逢时我们总是感觉温馨而亲切，哪怕飞行任务已经结束多年。我们经常在各种场合碰面，例如会议、NASA的社会活动和太空探险者协会的聚会。大家会很自然地聚到一起，分享太空飞行的回忆。在太空中建立的友谊如此深厚，很难想象有朝一日我会跟他们失去联系。

第十三章　探索太空和行星

⑴ 投资太空探索为什么很重要？

社会每年都应该拿出少量资源去创造一个更好的未来。NASA用于太空探索的预算小于美国政府总支出的1%，这么少的投资却能从多个方面改善地球上的生活。

太空探索能够催生新的精密科技，开启新的资源和商机（无论是在太空中还是在地球上），激励年青一代成为未来的科学家和工程师，增进我们对地球、太阳系和宇宙的了解。除此以外，如果未来某日有一颗小行星冲向地球，那么航天科技是我们阻止它的唯一希望。作为一份投资，这样的回报相当不错。

⑵ 接下来我们应该派宇航员去探索太空中的哪些地方？

月球是最近、最顺理成章的下一站，它离我们只有三天的路程。探索月球会带来诸多迷人的科学发现，也许我们能以此为基础，在月球上建立一个前哨站。月球两极有水冰，月面的尘埃和风化层中有氧和金属，所以月球前哨站很大程度上可以自给自足，也许它还能为宇航员提供返程的燃料。

另一个颇有吸引力的目标是近地小行星。很多小行星会运行到离地球非常近的位置，去往这些星球消耗的火箭燃料甚至比去月球还少，而且我们不需要登陆器——这些小行星的引力很小，宇航员只需要把飞船停在它旁边就行了。不过，去往小行星的往返旅程需要花费更长的时间——至少4~6个月——我们得准备好防辐射罩和可靠的维生系统。

接下来的合理安排应该是这样的：先派遣机器人登陆月球勘察资源，然后让宇航员在月面上停留一小段时间，探索当地情况。我们可以使用同样的飞船前往几百万千米外的近地小行星。然后大约在20年后，我们就能积累足够的经验飞往火星。

●日本"隼鸟号"飞船拍摄的近地小行星"糸川"，直径550米。（JAXA）

---

(03) 地球上有这么多问题需要解决，我们为什么还要探索太空？

探索太空将帮助我们找到出乎意料的新方案来解决如

今地面上的问题。比如说，NASA为国际空间站研发的净水系统经过一定的改造，就能为库尔德斯坦的偏远村庄提供安全的饮用水。针对ISS宇航员骨质流失的研究帮助我们进一步理解如何治疗骨质疏松，全世界有数百万老年人深受这种病症的折磨。

未来某天，某颗小行星可能会撞向地球，这将是有史以来我们面临的最可怕的灾难，而太空探索是拯救人类的唯一希望。1908年，一颗足以摧毁城市的小行星坠落在俄罗斯的通古斯地区；2013年，另一颗更小的小行星在俄罗斯车里雅宾斯克爆炸，造成一千多人受伤。未来一定还会有其他小行星撞击地球，而太空探索就是我们的防撞保险。如果真有那一天，我们得发射带有相关设备的无人飞船，将小行星推出撞击轨道。在那之前，我们必须掌握这套方案所需的所有技术。

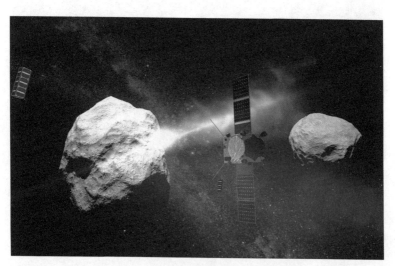

●在艺术家的概念图中，无人飞船冲向一颗危险的近地小行星，改变了它的轨道，阻止了它与地球的死亡之吻。另一艘观察飞船负责监控小行星的轨迹变化。（欧洲空间局）

为了打磨抛光太空望远镜的镜片，NASA做了一些研究工作，科学家以此为基础发明了一种激光视觉系统，它可以评估病人的眼睛并绘制一张地图，指导医生的治疗。NASA研发出来给国际空间站的宇航员测量骨质流失的扫描仪如今被地球上的医生用来探查骨质疏松造成的早期损伤；为了缓解宇航员骨质流失的问题，我们找到了一些行之有效的技术，这些技术也能帮助我们预防、治疗骨质疏松。

为了修复航天飞机的隔热瓦，科学家研发了一种高分子聚合材料，它在高温下会变成坚固的陶瓷；现在这种保护材料已经广泛应用于军事、航空和汽车制造等领域。

ISS上种植了一些植物，为了测量这些植物是否缺水，NASA研发出了一种叶子传感器。现在一家商业公司已经获得了这种传感器的授权，安装了叶子传感器以后，干渴的植物可以直接给农民"发短信"，请他们来浇水。

帮助NASA研发"猎户座"维生系统的一家公司正在使用同样的技术为潜水员制造适用于极端危险环境的高级潜水服。想了解更多航天技术在地球上的最新应用，请访问NASA的"衍生产品"网页：spinoff.nasa.gov.

（05）太空中可能存在哪些有价值的材料？

月球、小行星和系内行星上的自然资源（例如水、氧和金属）是21世纪太空探索进一步发展的关键所在，也是支持人类地外生活的命脉。

太空中的水具有特殊的价值，因为水由氧原子和氢原子组成，这两种元素都是化学火箭推进剂必不可少的原料。

月球的两极有水，某些小行星地表也有含水矿物。除了水以外，我们还能从月球和小行星的岩石中获得氧。

火星大气中含有水蒸气，"凤凰号"登陆器还曾在火星北极区域地表以下仅仅十几厘米深的地方发现过水冰。据科学家估计，火星两极冰盖的总储水量是五大湖的一百倍以上。2015年，火星勘测轨道飞行器在火星环形山的内壁上发现了液态盐水顺着山坡往下流的痕迹。我们怀疑，在火星两极与赤道之间的区域内，还有更多的冰隐藏在尘土和岩石覆盖的冻土和冰川里。

这些水资源意味着探索者可以在月球、小行星和火星上利用太阳能或核能制造氧气和火箭燃料，这将极大地降低我们从地球前往这些地方的交通成本和当地生活的运营成本。

---

06 要探索月球、小行星和火星，我们需要什么样的新飞船？

目前NASA正在测试"猎户座"多用途载人飞船，它可以搭载四位宇航员飞往月球以及更远的地方。"猎户座"返回地球时的速度将达到每小时40500千米以上，所以它的隔热罩必须能抵御2760℃以上的高温。2018年，"猎户座"将进行下一次无人飞行测试。

要探索月球表面，我们还需要一个登陆器。未来的月球登陆器或许会利用月面上的水来制造氢和氧，补充燃料。探索小行星需要能装载1~2位乘员的小型飞船，这种飞船必须配备锚和机械臂，这样它才能在低重力的小行星上空盘旋、滑行。

火星是目前我们面临的最严峻的挑战。飞向深空需要强大的火箭推进系统、防辐射生活舱、带隔热罩的登陆器、降落伞和软着陆引擎。宇航员可能必须在火星上利用地下的冰或者大气中的水来制造火箭推进剂，才能获得足够的返程燃料。要安全地回到地球，这些太空旅行者还需要一个像"猎户座"那样的返回舱。

⑦ 你去过月球吗？

遗憾的是，我没去过。在我成长的历程中，"阿波罗任务"的宇航员是我心目中的英雄。当我真正受雇成为一名宇航员的时候，我以为自己将亲历美国的重返月球计划，回到月球做进一步的探索。结果我却帮助修建了国际空间站。我们应该在空间站上积累更多的经验和知识，为以后的月球、小行星和火星任务奠定根基。我相信在不久后，现在这批志向远大的宇航员里一定有人能够真正踏上月球布满尘埃的地面，帮助人类在红色星球上建立最早的定居点。

⑧ 阿波罗计划之后，为什么我们再也没有登上过月球？

1970年，美国赢得了登月竞赛，肯尼迪总统的承诺也已圆满实现——我们登上了月球，后来又重返了这颗卫星。在此之后，人们对阿波罗计划后续任务的兴趣迅速减退。政客削减了NASA的预算，还取消了最后两次阿波罗登月任务。随后，NASA的工作重心转向了派遣宇航员登上"天空"实验室空间站执行长期任务和发展航天飞机。接下来，航天飞机顺理成章地成为我们建造国际空间站、为国际空间站运送补给的重要工具，但ISS位于近地轨道。

1990年，乔治·H.W.布什总统提出要在2000年重返月球，但国会否决了他的计划。2004年，乔治·H.W.布什总统也提出要在2020年之前派遣宇航员前往月球，但他和后来的奥巴马总统都没有为这个计划提供必需的资金。

现在，中国、俄罗斯和欧洲都对登月产生了兴趣，我相信美国最终也会追随阿波罗宇航员的脚步，加入未来的登月项目。不过我们在什么时候重返月球，这其实是个政治问题，而不是技术问题。

⑩ 我们为什么应该重返月球？

月球地表蕴藏着无数秘密和过往，"阿波罗任务"的探索者只来得及匆匆一瞥。南极－艾托肯盆地是月球上最古老、最深的撞击坑，要了解地－月系统的早期历史，宇航员

● 1972年，"阿波罗17号"任务的船员拍摄了这张月球照片。南极－艾托肯盆地位于最左侧的阴影里。（NASA）

科学家可以在这座环形山边缘着陆，提取古老的地壳和地幔（地壳之下的岩石层）样品。他们可以开着月面车在月球上行驶数百千米，搜集岩石样品，拜访年轻的月球火山，探查岩浆形成的洞穴，那可能是我们建立基地的理想地点。

要进一步探索宇宙，宇航员可以在安静的月球背面竖起射电望远镜。月球两极附近的阴影里藏着一些极冷的环形山，我们可以开采这些环形山里的冰，用来制造水、氧气和火箭燃料。一旦月球采矿的技术成熟，宇航员可以用同样的方法征服火星。

---

⑩ 我们为什么要开采小行星资源？

我们需要学会如何开采月球和小行星上的水。每个水分子都由1个氧原子和2个氢原子组成，所以在太空采水能

● 在艺术家绘制的概念图中，无人小行星探测飞船 Arkyd-100 飘浮在地球轨道上。（行星资源公司）

为宇航员提供饮用水、呼吸必需的氧气和强大的火箭推进剂。

若是以从地球上运送等量水的成本来计算，一颗直径500米的富含水的小行星可能价值5万亿美元。小行星几乎没有引力，所以我们可以相对容易地把开采到的水送回地月空域。

近地小行星一共有好几千颗，我们可以在其中几颗小行星上建立机器人矿场，定期将开采到的水送回地月空域，为火星飞船提供原料。小行星可能还富含金属和其他有用的有机化学物，以及另一些值得我们千里迢迢送回地球的贵重材料，例如铂。

---

⑪ NASA 为什么想把近地小行星送回地球？

1972年阿波罗计划结束后，NASA一直渴望将宇航员送到更远的深空中。现在NASA的预算足以支持"猎户座"飞船和配套的太空发射系统火箭，却不够将宇航员送往月球或者几百万千米外的近地小行星。至少在21世纪20年代之前，这样的计划绝无可能。所以，NASA提出了将小行星碎片带回地球的计划。

NASA计划在2020年发射一艘太阳能无人飞船，从一颗近地小行星上采集一块直径3～4米、重几吨的岩石，并把它送入一条安全的绕月轨道。然后，宇航员将驾驶"猎户座"飞船与这块资源丰富的古老碎片交会。他们会出舱进行几次太空行走，从碎片表面采集一些样品进行分析，帮助我们了解太阳系的早期历史。完成这些任务以后，我们还将进行下一步的实验，最终目的是从小行星上提取水和有价值的金属。NASA希望这些任务能让我们积累足够的经验，帮助我们抵达火星和它的卫星。

⑫ 小行星真的有可能撞击地球吗?

地球绕太阳公转,就像在一个巨大的射击场里穿行,一路上我们不停地遭遇各种各样的近地小行星,这些岩石天体是在46亿年前从行星结构上脱落下来的。每天都有上百吨的小行星碎片闯入地球大气层,其中不乏"大块头",我们可以肯定地说,未来一定会有足够大的小行星与地球发生碰撞,带来灭顶之灾。

不过,这样可怕的灾难发生的概率很小,平均来说,足以影响全球的小行星撞击大约十万年才会发生一次。你死于小行星撞击的概率和飞机失事差不多,也就是1/50000左右。

我们已经有了寻找小行星、让它的方向发生偏转的技术,不过,要避免灾难的发生,我们还得投入更多资源。要及时发现逼近的小行星,我们需要在地面上和太空中部署更好的搜索望远镜。要真正推开可能撞击地球的小行星,我们还需要发射无人飞船进行一系列技术验证。如果在撞击之前有10年的预警时间,那么我们应该能做好充分的准备工作,阻止灾难的发生。

⑬ 宇航员可以保护地球免遭小行星撞击吗?

通过无人勘测任务和载人飞船的探测,我们可以进一步研究小行星的结构和物理强度;如果某颗小行星真的冲向地球,这些知识将帮助我们找到最好的方案力挽狂澜。不过如果真要推开小行星,我们会使用无人飞船。

无人飞船会在太空中飞行数年,抵达远离地球的小行星公转轨道。它们的目标是改变小行星的速度,避免小行星撞击地球。为了确保成功,我们会发射多艘无人飞船。

● 2015年2月13日，一颗直径20米的小行星在俄罗斯车里雅宾斯克上空爆炸。（NASA）

● 在这幅示意图中，一艘引力牵引飞船与一颗小行星同步飞行，利用自身微小的引力将天体"拖曳"到另一条安全的轨道上。（丹·杜达/IAAA会员）

有的飞船会和小行星一起绕太阳公转，精确跟踪它的运行轨迹，监测其他飞船的行动是否有效。而其他飞船会直接撞击小行星或者引发爆炸，从而改变小行星的速度。

行动的时间越早、离地球的距离越远，留给我们的缓冲余地就越大；如果第一次行动失败，那我们还有机会补救。和好莱坞电影情节不一样的是，要推开小行星，最优的选择是无人飞船——机器人不在乎自己是否踏上了一条不归路。

---

⑭ 推开小行星的最佳方案是什么？

要改变小行星的速度（从而改变它的轨道），不让它撞上地球，最有效的方式包括：

·引力牵引飞船。这种无人飞船会在小行星附近飞行，利用自身的微弱引力改变小行星的速度和轨道，避免它撞击地球。适合小到中型的小行星。

·动能撞击飞船。这种飞船会以每秒10~20千米的速度撞击小行星，只需要让小行星的速度改变一点点，它就会和地球擦肩而过。

·定向能飞船。它会利用太阳能电池板产生一束激光，在小行星地表烧出一个小洞，由此产生的超高温气体会像小型推进器一样改变小行星的速度。

如果真的非常不幸，天文学家发现一颗大型小行星正在高速冲向地球，而且时间紧迫，那么我们可以发射一艘飞船在小行星地表附近投放核弹。核爆炸产生的炽热尘埃岩石云会像火箭推进器一样将小行星推往相反的方向。

有了这些技术，我们可以应对最危险的小行星撞击，不过要采取这些措施，我们得有充足的准备时间。

⑮ 为什么人类探索者对火星这么感兴趣？

火星是我们的太阳系里与地球最相似的行星。火星上的一昼夜正好是24小时多一点，而且这颗星球上也有季节的交替。通过望远镜，我们可以看到季节的变化：极地的冰冠会周期性地收缩和扩张，全球范围内的尘暴也会随季节发生变化。

从无人飞船拍摄的照片里，我们看到了荒凉如沙漠的火星地貌。火星上的温度比地球上低得多，但在夏日的正午，火星地表的温度也能达到零摄氏度以上。穿上保温供氧的宇航服，你可以去户外活动一小段时间，不会有太多不适。看着无人地面车发回的照片，你总会情不自禁地想攀过前面那座沙丘或者岩石嶙峋的山脊，看看那边到底有什么东西。

火星地表下藏着水冰，大气中也有水蒸气，有了这些资源，人类完全可以在火星上生活。当然，我们需要付出努力来发展一些必需的技术，才能在火星上建设永久性的前哨站，寻找生命的信号，最终建立自给自足的殖民地。

⑯ 我们该怎么去火星？

火星探险需要人类下定决心，发挥所有聪明才智。如果使用现在的化学火箭，在火星和地球之间飞个来回需要耗费将近三年的时间。核动力火箭能将这段行程缩短到两年以内。

在宇航员飞往火星之前，我们需要提前把他们需要的食物、补给、居住舱和返回舱送上那颗红色星球。我们可以用慢速高效的货运拖船来完成运输任务。两年后，宇航员将乘坐巴士大小的飞船前往火星，飞船里还装着他们的登陆舱，远征队会在太空中飞行大约六个月。

到达火星轨道后，小队会在提前送去的居住舱附近登陆。为了屏蔽辐射，他们必须用土把居住舱掩埋起来，或者在到达之前指挥机器人完成这一步。经过大约18个月的探索，远征队将乘坐返回舱离开火星。返回舱使用的火箭推进剂是在当地就地取材制作的。他们需要精心选择返回窗口，进入一条最快的返回轨道。

重新进入火星轨道后，返回舱与远征队来时乘坐的飞船对接，宇航员把采集到的科学样品搬运到飞船上，然后离开火星轨道，踏上为期六个月的归家之路。最后，他们的飞船可能会直接进入地球大气层，利用降落伞着陆；也可能在地球轨道上与空间站交会。远征队离开火星以后，机器人会继续打理留在红色火星上的居住舱，准备迎接下一支队伍。

---

⑰ 把人送上火星需要花多少钱？

可能比你想象的少。近期的一项研究估计，要将第一批9支远征队送上火星，一共需要在30年内花掉大约1300亿美元。考虑到通货膨胀，这大概和阿波罗月球登陆计划在十年内花掉的费用差不多。

所以，在接下来的30年里，NASA需要在火星探索项目上花掉大约43亿美元，还不到目前NASA总预算的四分之一。相比之下，仅仅在2014年，美国政府就在各种叠床架屋的重复项目和人员薪资上浪费掉了1250亿美元。只要每年能从这笔钱里省下5%，我们就能轻松支付人类火星探索的费用。

(18) 小行星载人飞行任务能帮助我们登上火星吗?

NASA已经提出,小行星载人任务是火星计划的战略性准备环节。将宇航员送到比月球更远的地方,探索一颗或多颗小行星,飞船需要在太空中飞行几个月甚至更久。这样的远征将为NASA积累更多的深空经验,这对未来的火星探险有着极大的帮助。

小行星任务可以测试维生系统的机械可靠性、远征队在没有任务控制中心帮助的情况下独立运作的能力以及太阳能电力推进系统或热核推进系统的性能。NASA计划在2025年使用"猎户座"飞船首次将宇航员送往小行星,他们的任务是从小行星上采集一块几吨重的岩石,然后将它送入绕月轨道。

古老的小行星拥有丰富的资源,我们将在摸索中学习如何从这些天体上提取水和有价值的建筑材料;火星的卫星福波斯和得摩斯与小行星十分相似,这些知识必将有助于未来的火星任务。我们可能会在这些卫星上建立前哨站,并以此为跳板,最终登上火星地表。

(19) 宇航员在火星和地球之间往返一次需要多少时间?

飞行时间具体取决于我们选择的轨道,如果选择最节省飞船燃料的轨道,往返的总时间应该是三年不到一点。在这种情况下,宇航员需要花费6~9个月时间飞往火星,然后在火星上停留18个月左右,最后再花6~9个月返回地球。如果愿意耗费更多的火箭燃料,整个任务时间可以缩减到1~2年,不过宇航员只能在火星上停留30~90天,而且单程的飞行时间将长达一年。

要缩短宇航员在太空中的飞行时间,最大限度地减少辐射和自由落体状态带来的危害，最好的办法是采用更先进的火箭推进技术。热核火箭能将飞行时间缩短一半，它的工作原理是利用核反应堆加热氢燃料，然后将氢气从喷嘴里高速喷射出去，推动飞船前进。

---

⑳ 火星任务的时间这么长，宇航员带的食物够吃吗？

在为期一年的深空任务中，远征队大约会消耗12000千克的食物，而且途中不可能得到补给。如果我们派遣货运飞船提前把食物送上火星，那么这些食物的保质期必须达到5年以上。有的航天食品的确能达到这么长的保质期，但是随着时间的流逝，食物的质地、颜色和营养成分都会逐渐衰退，所以最多只能充饥果腹。

宇航员可以在太空中种植农作物来制作预包装食品。有的庄稼可以种在飞往火星的飞船上，除此以外，我们还可以在火星地表建立温室，种植一些其他作物。太空农场的备选作物包括番茄、生菜、菠菜、胡萝卜、草莓和胡椒。这些食物都可以生吃，而另一些作物必须经过加工才能吃，例如土豆、小麦、黄豆、花生和大米。

太空农夫可以利用远征队的排泄物来给庄稼施肥，这些庄稼也能吸收二氧化碳，释放人类呼吸所需的氧。除此以外，太空种植还有一个很重要的好处：在温室中劳作有助于改善船员的心理状态。

㉑ 谁将成为第一个拜访火星的人类？

飞往火星卫星的技术将在21世纪30年代发展成熟；按照这个进度，人类宇航员将在2040年左右登上火星。我觉得在火星上迈出第一步的探险者必将是今天这些年轻学生之中的一员，这时候，成为宇航员的理想或许刚刚在他心中萌芽。我刚开始对太空探索感兴趣时只有10岁。

当然，人类是否真能踏上那颗红色星球，主要还是取决于我们在地球上的努力。我们需要说服我们的代表者和领袖，太空探索非常重要，值得政府拨付合理的资金。私人企业也扮演着重要的角色，他们可以利用太空中的原材料来制造火星远征所需的火箭推进剂、水和防辐射罩。

政府和公司都无法独力承担火星之旅的支出。以美国为首的航天大国在国际空间站上积累了许多经验，这些国家最有希望将宇航员送上火星，并让他们在那里生活一段时间。

㉒ 你认为人类什么时候能登上火星？

人类可能会在2040年之后的某个时间登上火星。不过在此之前，我们必须进一步发展太空技术。首先，我们需要测试"猎户座"深空载人飞船和它强大的推进器——太空发射系统。其次，我们必须建造并测试配备了防辐射罩和维生系统的深空居住舱；在21世纪20年代末之前，我们必须造出这样的居住舱，并通过近地小行星任务对它进行测试。

最后，我们必须学会利用太空中的材料（例如小行星上的水和土）来制造火星载人往返任务所需的火箭推进剂和防辐射罩。然后，我们会拜访火星的卫星，如果真能在那里找到水的话，我们可以在那里提前准备一些东西，帮助人类登上红色星球。登陆火星后，要想完成进一步的探索甚至殖民，我们必须设法利用火星的地下冰和大气中的二氧化碳来制造水和推进剂。

㉓ "火星一号"组织真的打算在红色星球上建立人类殖民地吗?

"火星一号"是一个私人组织,他们试图募集资金、征集志愿者踏上前往火星的单程路,在红色星球上建立永久性的殖民地。该组织提出,可以通过电视直播来跟踪报道任务的训练过程和准备工作,然后靠售卖播放权来募资。我个人认为,他们的计划不够严肃认真。就算是历史上最成功的电视节目赚到的钱也不足以支持火星远征,更别说我们现在的技术还无法安全地将人类送往火星,哪怕只是单程。

最令人担忧的是,我们既不知道该如何把宇航员送上火星,也不知道如何让他们在那颗星球上生存下来:这需要大型居住舱、地面车、补给飞船、挖掘机、核能电厂等各种设施。不过,"火星一号"计划至少让我们看到了公众对登陆火星高涨的热情。

㉔ 人类探索者会拜访火星以外的其他世界吗?

除了我们自己的卫星月球和火星以外,太阳系里还有其他颇具吸引力的地方。比如说,在火星轨道外侧的小行星带里,有一颗名叫谷神星的矮行星,它的大小和得克萨斯州差不多。谷神星上有大量的水,它或许值得我们顺路停留。

离太阳更近的金星重力和地球差不多,但它的表面温度高达467℃,而且气压是地球的92倍。要想保住性命,宇航员只能乘坐气球在金星厚重的二氧化碳大气层顶部飘浮,无法看到脚下的地表。要探测金星地表,最好是派机器人去。

火星轨道以外的气态巨行星木星和土星没有坚固的表面可供飞船着陆，所以就算我们能忍受这些行星强大的重力和辐射带，也完全没办法"登陆"。这些行星的卫星（例如木卫二、土卫二和土卫六）表面的冰壳下有液态水形成的海洋，但它们离太阳的距离实在太远，所以温度极低，只适合派机器人前去考察，不适合载人任务。好消息是：火星的地表面积和地球上所有大陆加起来差不多，所以那里有足够广阔的空间等待我们去探索！

㉕ 我们能在其他行星上安全地生活吗？

太空殖民者可以从月球和火星的土壤和岩石中提取水、氧和其他原材料，而且火星的大气层中还有水蒸气。太阳和核反应堆将为殖民者提供工业建设所需的能源。他们可以利用当地的土壤、水和地球带去的种子在温室里种植农作物。不过，要躲避强烈的辐射和极端温度带来的不利影响，这两颗星球的前哨站都必须修建在地下。在这样严苛的环境下，殖民者在月面或火星地面上行走的时间必将受到严格的限制。

而且我们还面临一个悬而未决的问题：月球的重力只有地球的六分之一，火星重力也只有地球的三分之一，长期在这样的环境下生活，人类健康是否会受到严重的影响？我们可以把动物放入国际空间站的离心设施中，观察它们在低重力状态下的身体情况，但那个实验室目前还没有修好。

㉖ 你觉得我们会在其他行星上建立殖民地吗？

今天，我们的技术还不足以在火星或其他地方建立自给自足的殖民地。要在另一个世界里建立真正的殖民地，人类不光要在那里活下来，还得经营生活，为后代创造更好的未来。我们必须学会从太空中采集资源，从月球和小行星上开采水、建筑材料和金属就是第一步。

太空商业采矿和太阳能行业的发展将为我们积累足够的经验和金钱，让我们最终能够到达火星，在那里定居下来。在前往月球和近地小行星的道路上，探索者必将面对诸多挑战，但是，每解决一个问题，我们就离太空中的新家园更近了一步。

㉗ 你认为冥王星应该属于行星吗？

2006年，国际天文学联合会正式更改了"行星"的定义，冥王星也因此失去了行星的地位。按照新定义，冥王星应该是一颗矮行星。因为从海王星轨道到太阳系边缘的广阔空间（柯伊伯带）里分布着千千万万颗和冥王星差不多的冰冻天体，冥王星是其中第二大的一颗，1930年，人类首次发现了它的存在。

2015年，"新视野号"探测器飞越了冥王星；通过探测器拍摄的图像，我们看到了这个复杂而迷人的小世界。冥王星直径约2300千米，巨大的尺寸让它拥有了近似行星的球形外貌。这颗矮行星拥有5颗卫星，其中最大的一颗名叫"卡戎"。出于以上原因，再考虑到历史因素和感情因素，我觉得应该恢复冥王星的行星地位。

㉘ 人类第一次近距离观察冥王星是什么时候的事儿？

2015年7月，NASA的"新视野号"探测器飞越冥王星及其卫星，发回了数千张照片。我们从这些照片中看到了冥王星冰天雪地又丰富多彩的地貌。照片上的冥王星地表从煤黑色到橙色再到白色，五彩斑斓。颜色较浅的区域可能是近期被彗星撞击后露出地表的水冰，而深色区域可能富含有机物，那是以前的撞击遗留下来的。

冥王星两极的冰冠可能由冻结的氮组成，而不是水冰；这颗星球地表的大部分面积很可能都覆盖着固态的氮。除此以外，我们还在冥王星上探测到了冻结的甲烷和二氧化碳。从"新视野号"拍摄的照片上，我们能看到冥王星地表的断层、裂沟和山脉，不过环形山的数量比预想的要少得多。这颗星球的地表出乎意料地平坦，这说明它在过去十亿年里地质活动相当活跃。这颗矮行星的地核附近可能有液态水组成的海洋。

Pluto
from New Horizons
Mosaic Credit: NASA/JHUAPL/SWRI/Marco Di Lorenzo/Ken Kremer

● 2015年7月，"新视野号"飞船拍摄的冥王星照片。（NASA）

㉙ 太阳系里还有我们没探索过的行星吗？

没有。自从1957年人类进入太空时代以来，美国、俄罗斯、日本、欧洲空间局成员国和印度已经向太阳系里的所有行星发射了探测器。从1962年到1989年，自动探测器拜访了太阳系里的所有主要行星。2015年，"新视野号"探测器飞越了矮行星冥王星，同一年里，"黎明号"无人飞船对太阳系里最大的小行星（矮行星谷神星）进行了绕轨飞行和测绘。

NASA已经向月球、火星、土星和木星发射了探测飞船。21世纪20年代，NASA计划发射一枚轨道器去探测木星的卫星欧罗巴。目前，我们已经完成了和所有行星的第一次接触，未来行星任务的目标是拓展我们对这些世界的认知。

㉚ 你想去哪颗行星？

难道只能选择一颗吗？地球是我的家园，也是我最想探索的行星。月球荒凉苍白的地貌也令我着迷。作为一位行星学家，我渴望探索月球上撞击形成的环形山、岩浆凝成的冲积平原、熔岩之河刻出的巨大山谷和剧烈撞击造就的高耸山峰。

火星更加有趣。这颗行星上曾经存在海洋，直到现在，火星的平原上仍散布着巨大的休眠火山，红色的尘埃下埋藏着巨量的冰。火星大气中的二氧化碳和地下的冰可以帮助未来的探索者建立人工基地，还能为他们的火箭和地面车提供燃料。火星的秘密足够我们探索好几个世纪。

● "黎明号"飞船拍摄的矮行星谷神星照片，它的大小和得克萨斯州差不多。（NASA）

㉛ 哪个无人探索任务最让你激动？

过去五十年来，我们向太阳系内的所有行星发射了探测飞船。现在我们还在继续制造更精密的探测器，并利用它们来完成更困难、更激动人心的工作：搜寻火星上的微生物，在月球冰冻的极地环形山里寻找水，探索月球和火星巨大的岩浆洞，在温度极低的木星卫星欧罗巴上提取地壳含水样品。

我希望能看到机器人矿工从近地小行星的土壤和岩石中提取出水。在太空中，水比黄金还要珍贵。水可以制造火箭推进剂，可以给深空任务的宇航员解渴，还可以为太空工商业提供坚实的根基。

㉜ 我们不能用机器人完成所有的太空探索任务吗？

机器人正在变得越来越强大，而且成本低廉，相比之下，把宇航员送上太空要贵得多。太阳系里的很多地方要么太远，要么环境太严酷，人类探索者根本无法到达。比如说，我可不愿意花费10年时间就为了飞到冥王星。不过，今天的机器人可没有宠物猫狗那么聪明灵活，科学技能更是无法与人类地质学家或生化学家相提并论。

如果真想回答一些严肃的问题，例如，“火星上有生命吗？”那么我们必须派遣人类宇航员去弄个明白。我认为，未来几十年内，聪明的机器人必将成为人类火星远征队的得力助手。它们将承担一些艰苦的工作，例如长时间的户外劳动，而宇航员则运用自己的技能和智慧，监督机器人的工作，完成其他关键任务。

㉝ NASA有没有发现新的行星？

NASA的开普勒太空望远镜为寻找系外行星的天文学家提供了极大的帮助。顾名思义，系外行星是指太阳系以外的行星。数年来，太空中的开普勒望远镜一直在扫描搜索一片特定的星区，那里大约有15万颗恒星。望远镜通过观察恒星的亮度变化来判断它是否拥有行星，因为行星从恒星正面经过时会遮挡恒星的光芒，让它变暗一点点。开普勒计划的科学家估计，22%的类日恒星都拥有宜居带——这里的温度刚好能容许地表液态水存在——之内的类地行星。

迄今为止，开普勒望远镜已经发现了超过一千颗新行星。目前，地面和太空中的望远镜一共找到了近4000颗系外行星。要想了解寻找系外行星的最新进展，请访问NASA的"寻找行星"网站: planetquest.jpl.nasa.gov.

● 2015年，佛罗里达人机认知研究所的阿特拉斯人形机器人在美国国防高等研究计划署举办的机器人挑战赛上迈步前进。（IHMC/威廉·豪厄尔）

㉞ 我们有没有发现类似地球的行星？

以现在的技术，我们还无法观测到其他恒星轨道上地球尺寸的系外行星（太阳系外的行星），不过我们正在朝这方面努力。开普勒太空望远镜已经发现了超过一千颗系外行星，其中8颗的体积小于地球的2.7倍。

在这些行星中，至少有三颗绕着温度低于太阳的恒星运行，而且它们的轨道处于宜居带内——那里的温度能容许液态水存在。系外行星开普勒438-b和开普勒442-b很可能是岩石质地的，与我们最早发现的木星大小的系外行星相比，这两颗行星更可能是类地行星。

我们的银河系里有超过1000亿颗恒星，围绕这些恒星运行的类地行星大约有200亿颗。这意味着太阳系12光年以内很可能存在气候温和的类地行星，我们甚至能用裸眼看到它们的起源恒星。不过，要真正找到地球的“双胞胎兄弟”，我们必须研发出下一代能够探测系外行星大气成分（例如氧气、水蒸气和甲烷）的太空望远镜。

㉟ 我们可以飞向其他恒星吗？

根据目前我们对物理定律的理解和未来可能的技术发展，人类的生命长度还不足以到达其他恒星。现在飞得最远的探测器是2012年离开太阳系的“旅行者1号”飞船，它要到40000年后才能到达另一颗恒星附近。

科学家提出，可以用激光束或微波将微型探测器加速到极高的速度，让它飞向邻近的恒星。如果找到系外行星，探测器可以向地球发送信号报告结果。有的未来学家更加乐观：百年星舰基金会设定了一个目标，他们希望填平知识与技术的鸿沟，在一百年内实现恒星际飞行。

●开普勒-186f是我们确认的第一颗处于遥远恒星宜居带内的类地行星，艺术家通过概念图呈现了它与地球的对比。（NASA Ames/SETI研究所/JPL-加州理工）

㊱ 你认为宇宙中有其他生命存在吗？

我觉得我们很快就会在太阳系里找到其他生命！火星曾经拥有类似地球的温暖气候，还有保护性的大气层和地表液态水。虽然今天的火星环境严酷，但这些来自遥远过去的微生物可能会在温泉或地下温暖的含水层岩缝中生存下来，这些环境中的能量、水和有机物足以支持生命存活。

木星卫星欧罗巴和土星卫星恩克多拉斯地表的冰层下有液态的海洋，起源行星的潮汐力温暖了漆黑的大洋，小行星和彗星撞击散落的有机化学物中可能存在生命。就算我们在太阳系里一无所获，银河系里大约有80万个位于宜居带（行星地表温度能容许液态水存在的区域）里的类地行星，所以我很乐观。

●NASA的"好奇号"火星车在盖尔撞击坑里寻找生命曾经存在的证据。（NASA）

(37) 其他行星上有智慧生命吗？

现在谁也不知道。类地行星如此常见，如果其他行星上的生命也像地球上的生命这么顽强，那么银河系和宇宙中应该会有其他智慧文明。不过，经过半个世纪断断续续地监听，我们仍未发现天外文明的任何迹象。

如果几十亿年前另一个世界上就已出现文明社会，那么发展到今天，它的信号、飞船和殖民地应该很容易被发现。我们的宇宙已经138亿岁了，人类为何迄今没有发现智慧生命，这是个难解的谜团。也许建立技术发达的文明非常艰难，或者这些外星文明天性安静。又或者，我们是第一个将触角伸入太空的文明。我乐观地认为，有生之年我还有机会看到人类发现来自其他文明的无线电信号或激光信号。

●SETI研究所的艾伦望远镜阵列，位于加州旧金山东北方向约470千米处，它一直在监听来自其他文明的信号。（SETI研究所）

(38) 如果明知自己踏上的是一条单程路，你愿意飞向太空中的另一个世界吗？

在哥伦布、斐迪南、伊莎贝拉和伊丽莎白一世的时代，殖民者义无反顾地离开自己熟悉的生活，前往新世界寻找新的机会和自由。多亏了他们，才有了我们今天的世界。如果月球或火星殖民地能为我的家庭带来比地球上更好的机会，我觉得我应该有勇气奔向新世界。从长期来看，为了避免某种可怕的病毒或者彗星撞击将地球上的人类文明彻底抹除，我们需要一些人前往新世界殖民。为了生存，我们不能把自己局限在小小的地球上。

第十四章 大爆炸与黑洞：探索宇宙

01 地球还能存在多久？

作为行星，地球的寿命大约还有70亿年。我们知道，在过去的40亿年里，地球的起源恒星太阳的亮度一直在缓慢增长，于是地球也变得越来越热。

接下来的6亿年里，随着地球温度不断升高，地壳将从大气层中吸收大量二氧化碳，于是植物开始死亡。大约10亿年后，地球上的海洋将快速蒸发，水蒸气和二氧化碳组成的温暖潮湿的毯子将包裹整个星球，气温也会进一步升高。40亿年后，所有海洋彻底消失，大部分生命也不复存在。最终大约70亿年后，衰老的太阳将变成膨胀的红巨星，它的外层气体将包裹并烧毁整个地球。

正是出于这个原因，太空探索对人类未来的生存至关重要。今天，我们正在学习如何保护地球免遭小行星撞击；而在遥远的未来，我们还需要找到一个新的家园。

02 太空探索能保护我们，确保人类不会像恐龙一样灭绝吗？

发展太空探索科技，我们才有机会让人类遍布整个太阳系，即便地球上发生可怕的灾难，人类这个物种也不会彻底消亡。如果我们能在月球、火星或是较大的小行星上建立前哨站或者殖民地，那么即使彗星撞击或某种可怕的疾病消灭了地球上的所有人类，我们仍能留下文明的火种。

事情很简单，跨行星生活的物种有更强的生存能力。未来数百年里，最佳的生存策略是在所有新发现的系外类地行星上建立人类的殖民地。

---

03 随着太阳逐渐衰老膨胀，人类能幸存下来吗？

　　太阳通过热核反应将氢原子核聚合成氦，为整个太阳系提供光和热。在46亿年的时间里，我们的恒星一直在不断地消耗，大约每秒钟烧掉6亿吨氢。以这样的速率计算，太阳里剩下的氢燃料至少还够烧50亿年。

　　日核里的氢原子快要耗尽的时候，太阳会开始聚合氦，这样的过程会让恒星冷却下来，膨胀形成红巨星。红巨星的外层气体将吞噬水星和金星，很可能还包括地球。未来的50亿年里，人类必须做好搬迁的准备，比如说，移民到太阳系外围。

● 50亿年后，我们的太阳变成了红巨星，高温炙烤着地球上的世界。（罗恩·米勒）

04 什么是黑洞？它是怎么形成的？

黑洞是太阳体积10～24倍以上的恒星死亡后在太空中形成的体积极小、密度极大的天体。黑洞的引力很强，就连光都无法逃脱。恒星的生命进入末期以后，星核内的燃料不足以继续支持燃烧，于是它释放的光和热越来越少，无法支撑自身的外壳，在这种情况下，恒星就可能坍缩形成黑洞。

死去的恒星坍缩的速度太快，恒星物质反而会向外膨胀，引发剧烈的爆炸，我们称之为"超新星爆发"。向外的爆炸将星核内残存的物质挤压成了一个极小的点，它叫作"奇点"。这些新形成的黑洞质量至少是太阳的2.5倍以上——数十亿吨物质紧紧地挤在一起，所以黑洞的密度极大、引力极强，就连光都无法逃脱。

05 既然黑洞那么黑，我们怎么知道它在哪里？

按照黑洞的定义，我们看不见它，但黑洞的引力会影响周围的所有东西。恒星物理学的一些理论提出了黑洞的概念，20世纪70年代，我们证实了它的存在。天文设备探测到了强大的引力源吞噬超热气体形成的涡流释放出的无线电波和X射线，但我们却没有看到任何东西，只有黑洞才能解释这样的现象。

天文学家还观察到了一对互相绕轨运行的恒星，但其中一颗是不可见的，而且它的质量是我们太阳的三倍以上。这么大质量的"隐形"天体只有黑洞。最后，来自银河系和其他星系中心的能量是如此之大，这也显示很多星系和类似星体的中心存在着超大质量黑洞——这种黑洞的典型质量约为太阳质量的10亿倍以上。

●艺术家概念图中的天鹅座X-1黑洞，它吸引着附近较大恒星的炽热物质。（NASA/CXC/M.魏斯）

⓪⑥ 黑洞有多大？

黑洞本身只是一个非常小的质点，但它的引力会在周围形成一个光都无法逃脱的"视界"，范围大约有几千米。视界的边缘被称为"史瓦西半径"，或者"事件视界"。黑洞不断吸引周围的物质，质量越来越大，它影响的区域也会随之膨胀。我们银河系中央的黑洞质量大约是太阳的430万倍，它的视界大小和太阳系差不多。

⓪⑦ 我们怎么才能阻止黑洞？

任何物质都不可能从黑洞中逃脱——所以千万别靠近它。不过值得庆幸的是，我们的太阳系附近没有黑洞。黑洞不会在星系中游荡，吞噬恒星和恒星系；这些死去恒星的残骸必须靠近太阳才有可能影响到地球。就算现在有一个遥远的黑洞正在奔向我们，那它也要在几百万年后才有可能来到足以影响地球的地方。只要有充分的预警，我们完全可以建造飞船，迁徙到另一个更安全的恒星系里。科幻电影《星际穿越》中的精彩特效让我们看到了黑洞附近可能发生的事情。

(08) 银河系里有多少恒星？

我们生活在一个中等大小的棒旋星系里，它的直径大约有12万光年（1光年等于光在1年内行进的距离，也就是大约9.6万亿千米）。太阳系位于银河系中的猎户臂，离

●如果我们能从银河系外俯瞰这个星系，它看起来应该就是这个样子。太阳离银河系中心大约有2万光年。（NASA/阿德勒/芝加哥大学/卫斯理公会/JPL-加州理工）

银河系中心大约有2万光年。有人估计，银河系里的恒星可能多达4000亿颗，其中大部分是小而暗淡的红矮星。红矮星离我们越远就越难探测，所以4000亿这个数字是否准确，很大程度上取决于红矮星到底有多少。红矮星虽小，但仍有温度，詹姆斯·韦伯空间望远镜能探测到它们释放的红外线，随着观测数据的不断积累，我们应该能得到更加准确的估计数字。

09 天文学家发现过银河系外的其他星系吗？

数万亿颗恒星聚集成团，形成星系，我们的银河系也是如此。天文学家一直在利用哈勃太空望远镜和其他地面设备观察天空中的一片片小区域。不妨想象一下，哈勃望远镜就像一根细长的"饮料吸管"，我们透过它望向广袤的

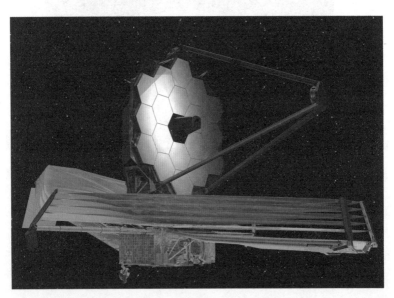

●艺术家绘制的詹姆斯·韦伯空间望远镜概念图，它将接替哈勃望远镜的工作，展开直径约6.5米的一面镜子，接收来自宇宙的红外线。（NASA）

宇宙，每次只能看到一小片空间。我们可以数一数每个小区域里有多少个星系，然后再计算一下整个天空分为多少个区域，两个数字相乘，天文学家最终估算得出，可见的宇宙中至少有1000亿个星系。2013年的一项独立调查显示，宇宙中至少有2250亿个星系。

英国物理学会想出了一个好办法，让我们形象地体会宇宙的广袤和星系的繁多。你可以抓起一把沙子，然后向天空举起手臂，现在，你的拳头覆盖的那片天空中就有一万个星系——每个星系里都有一千亿颗恒星，每一颗恒星所拥有的行星都可能是某种地外生命的家园。

---

⑩ 什么是大爆炸？

我们现在的宇宙大约起源于138亿年前，巨量物质与光在极短的时间内爆炸膨胀，这就是大爆炸。今天，我们观察到银河系和宇宙中的所有星系都在互相远离；如果沿着这些星系的轨迹反推，那么必然会得出一个结论：大约140亿年前，宇宙中的所有物质都聚集于密度无穷大的一点。这个密度无穷大的高温能量点叫作奇点。在大爆炸的那一瞬，奇点开始向外膨胀，直到今天仍未止歇。

目前我们认为，大爆炸释放出了超乎想象的能量，在那之后一秒，整个宇宙是一团100亿度高温的滚烫海洋，中子、质子、电子、正电子（反电子）、光子（光）和中微子在这片炽热之海中沸腾。随着宇宙逐渐冷却，质子和电子组合形成氢原子，恒星形成过程就此开始。大约10亿年后，恒星聚集形成星系，年轻的星系中央出现了巨型黑洞。谁也不知道大爆炸的原因是什么，也不知道大爆炸之前的宇宙是什么样子——我们的物理学根本无法穿透这团迷雾。

一些研究宇宙的物理学家相信，宇宙有无穷多个（多重宇宙），我们的宇宙只是其中之一。有一套理论认为，如果时－空是无穷的，那么我们可以走出自己的宇宙边缘，进入另一个略有不同的宇宙。另一套理论则提出，大爆炸之后，我们的宇宙开始快速膨胀；随着宇宙膨胀的速度逐渐减缓，恒星和星系开始成形。但其他宇宙从大爆炸开始的发展轨迹可能与我们完全不同。于是他们提出了平行宇宙理论，其他宇宙的维度可能多于我们这个宇宙的四维（三个空间维度再加上时间）。

有的科学家提出，你在这个宇宙中每做出一次决定，就会创造出另一个选择了不同方向的子宇宙。不同版本的你存在于各个不同的宇宙中，而且每一个你都认为自己做出的决定是"真实"的。最后，数学家推测，我们宇宙中的数学并不是唯一可能的版本，其他宇宙中或许存在截然不同的数学定律。类似的理论还有很多，不过我不打算继续讲下去了，因为这个宇宙里的我已经开始头疼啦。

第十五章　你在太空中的未来

01 我有多大概率能进入太空?

我从儿时起就开始向往太空旅行,现在的你在地球以外生活的概率比我那时候大多啦。我成长于太空竞赛时期,从1957年到1972年,美国和苏联为谁能首先把人类送上月球展开了激烈的角逐。那时候,美国人要想进入太空,唯一的途径是成为NASA的宇航员,这可是一份竞争相当激烈的工作。

今天,NASA仍在不断征募宇航员,宇航员可以前往空间站,未来某天他们还将飞向深空。不过现在,我们也可以通过其他途径进入太空。维珍银河、蓝色起源和环宇太空等私人公司都将提供商业性的航天服务,将付费的客户送到离地面100千米的太空中享受短期旅行。

还有其他一些公司(例如波音公司、内华达山公司和太空探索技术公司)打算提供飞往更高轨道的太空的士服务,将乘客送往地球上空389千米轨道上的空间站。太空探索技术公司甚至提出了商业性的火星探索计划。这些公司以后肯定需要在太空中工作的雇员,例如太空飞机驾驶员、轨道探险向导、酒店系统管理者和建筑工人。

02 NASA对宇航员候选者有什么要求?

要想申请宇航员的职位,你必须拥有下面这些东西:

○大学学位。你至少需要拿到工程学、生物科学、物理科学或数学的学士学位。优秀的成绩非常重要，所以请努力学习。

○三年太空相关领域稳固扎实的工作经验。NASA希望宇航员候选者拥有工程、科学或教育方面的工作经验；或者是拥有1000小时以上喷气机飞行经验的机长。更高的学位——比如硕士或博士——可部分或完全替代工作经验。

○通过NASA长期太空飞行体检。要想通过体检，你的身高必须在157厘米到190厘米之间，矫正视力1.0，静坐血压不高于90/140。

选拔宇航员的竞争相当残酷。NASA每次征募宇航员都会收到数千份申请。很多申请者拥有工程学、科学或医学领域的硕士或博士学位，或者毕业于专业的试飞员学校。成功的候选者必须拥有极强的判断力和团队合作能力，能够顺利接手并完成以前没有做过的事情。

在自己的领域里做到最好，永远奋力前行，然后勇敢地递交申请！如果想了解更多信息，请访问NASA的"宇航员选拔"网站：astronauts.nasa.gov.

---

⑬ 要想成为宇航员，我必须保证自己的视力和体质优异吗？

要成为宇航员，你必须通过NASA一年一度的飞行体检。体检的标准是矫正视力1.0，身体整体情况良好，没有慢性病或残疾。

不过，NASA不要求宇航员的身体完美无缺。有些宇航员也会有一些小毛病，比如说过敏；还有的宇航员曾经罹患过癌症（后来成功治愈了）或者做过膝关节修复手术。常活动、多运动、享受大自然，这有助于你保持健康、完成宇航员的训练课程。

04 哪些领域的知识帮助你成为一名宇航员？

你可以学习科学、工程领域的任何一个专业，从天文学到动物园学，不过你应该选一门自己最喜欢的学科，这非常重要。如果你对某些领域很感兴趣，在做出决定之前，不妨多了解一下该领域专业人士的职业生涯，有可能的话，跟他们聊一聊。问问他们最喜欢工作中的哪个部分，最近在做什么项目，以及他们的工作跟太空探索有什么关系。

我在大学里学习了航空工程、数学、物理、航天和太空科学。研究生阶段我学习了行星科学，其中包括了恒星系相关的各种内容：地理、物理、大气科学、遥感、化学和电磁学。在研究工作中，我曾使用夏威夷凯卢阿天文台的NASA红外望远镜寻找小行星上的水。这段经历在我登上航天飞机执行太空雷达实验室实验任务的时候派上了用场，当时我们在轨道上使用雷达成像技术扫描地球。

05 要想成为一名宇航员，我应该先成为飞行员吗，无论是军方的还是民用的？

20世纪60年代太空竞赛期间的大部分宇航员都曾是军队里的试飞员，不过你不必走他们的老路。现在NASA不光会收试飞员，也同样会征募科学家和工程师。

不过NASA认为，飞行员的工作能锻炼你的决策能力，这对太空中的工作很有好处。所以NASA会为没有飞行员经历的宇航员候选者提供为期六周的飞行训练。然后这些候选者会登上诺思洛普T-38N禽爪教练机，继续磨炼飞行技能。这些高空高速喷气教练机拥有先进的电子系统和导航系统，可以达到接近超声速的速度，完成复杂的特技动作。定期接受T-38飞行训练能培养宇航员在压力状态下

●NASA用诺思洛普T-38N禽爪教练机来帮助宇航员完成飞行准备训练。（NASA）

的判断力和决策力，这非常重要。如果你决定要考个私人飞行执照，你会发现飞行充满挑战和乐趣，而且很有成就感——最重要的是，还能为太空工作提前做好准备。

⑯ 要想在太空中工作，我有哪些重要的事情要做？

如果你梦想进入太空，那么越早开始准备越好。你应该：

（1）努力学习，取得优异的成绩，尤其是在数学和科学领域。

（2）在大学里选择一个科学或工程学的专业，深入研究到出类拔萃。

（3）找工作的时候，请选择太空相关领域的科学或工程学职位。

（4）在职业道路上不断朝进入太空的方向靠拢。

（5）下定决心，坚持不懈，努力工作，追求目标。

我很清楚，通往太空之旅的长路充满坎坷，除了你自己以外，谁也无法推着你前进。要获得必需的教育背景和工作经历，你只能靠自己努力。一路上有很多人会帮助你：父母、老师、教授、同学、同事和飞行员导师。但选定这个目标的人是你，也只有你才能完成所有必需的准备工作。

请选定你自己的指路明灯，时时刻刻不要忘记，尽一切努力向它靠近。入选棒球名人堂的投手尤吉·贝拉曾多次说过："如果你不知道自己要去哪儿，那么你很可能会走到别的某个地方。"

---

07 宇航员选拔有年龄限制吗？

只要能满足要求，NASA其实并不在乎你的年纪。进入太空时最年轻的NASA宇航员是萨莉·莱德，当时她年仅32岁。成为宇航员以后，只要你能通过每年的飞行体检，而且首席宇航员认为你够资格参与任务，那么你可以想飞多久就飞多久。比如说，我曾和61岁的同事一起进入太空。

NASA年龄最大的进入太空的宇航员是约翰·格伦。1962年，格伦成为第一个进入地球轨道的美国人；1998年，他以77岁高龄再次加入了"发现号"航天飞机的任务小队。我相信，未来某日，商业宇航员和他们搭载的太空旅客必将打破莱德和格伦创造的年龄纪录。

---

08 NASA多久选拔一次宇航员？

NASA会定期选拔宇航员，为队伍补充新血。20世纪90年代筹建空间站的时候，NASA每隔一年就会选拔一批宇航员。从2000年到2015年，NASA大约每四年选拔一次宇航员。新的招募通告会发布在NASA的"宇航员选拔"网站上。

新人会带来科研、工业和航空领域最新的知识和进展，而老兵们会向新人传授宝贵的太空实地操作经验。NASA希望团队里的新人和老兵能保持一个健康的比例，虽然老兵总会离开，他们的知识和经验总会代代相传。

⑨ NASA每次会选拔多少名宇航员候选者？

NASA会根据近期任务的需求来确定新一批宇航员候选者的数量和背景。每一批次的候选者从7位到44位不等。近期的每批候选者平均不到10位，至少在2030年之前，这个数量应该不会出现太大的波动。

⑩ 宇航员完成训练后会分派到哪些岗位？

经过了初期的训练以后，NASA宇航员会被分派到小队里的各个岗位上，例如指挥官、飞行员、任务科学家或者国际空间站（ISS）和"猎户座"飞船的飞行维护工程师。新的"猎户座"飞船能将人类送到月球附近，或者更远的

● 和我同期的宇航员，我们是NASA选拔的第13批宇航员。我们这批共有23位成员，昵称"毛球"。（NASA）

地方。未来NASA还会派遣飞行员和工程师去驾驶商业性的太空的士飞行器。

不飞的时候，宇航员会为NASA的ISS项目和其他太空飞行计划提供科学和工程支持，或者帮助其他宇航员完成任务准备工作。

---

⑪ **除了NASA选拔以外，我还能通过其他什么途径进入太空工作？**

我们正在进入"私人太空飞行"时代。起步阶段，商业航天公司将提供炮弹式的短期太空旅行，将乘客送往地球上空100千米的亚轨道高度，一瞥深邃的黑色宇宙和地球优雅的弧线。在20分钟的火箭之旅里，乘客还将体验到5分钟左右的自由落体状态（有时候也叫失重）。真正进入轨道的太空之旅刚刚推出的时候会很贵。2015年，俄罗斯"联盟号"飞船的一个座位价值4000万～5000万美元，你可以乘坐飞船在地外生活10天左右。

新兴的太空旅游公司肯定需要太空的士飞行员、探险旅游向导、飞行工程师甚至酒店管理者。一旦商业太空旅游业和太空的士公司站稳了脚跟，高科技公司很快就会开始在太空中建设实验室和工厂，他们需要技术工人来访问、操作、修理这些设施。

---

⑫ **我喜欢太空，但我不想成为宇航员，那么我还能做些什么？**

为美国太空项目而奋斗的人成千上万，宇航员只是其中的一小部分。除了宇航员以外，还有其他很多太空相关的工作：工程师、科学家、律师、医生、技术专家、建筑师、技工、飞行教官甚至兽医。

进入21世纪以来，有些重要的太空任务甚至完全不需要宇航员。比如说，我们可能利用无人飞船阻止小行星撞击地球，要完成这个任务，我们需要一个天文学家、任务计划者和飞船设计师组成的精英团队。要开采小行星和月球上的资源，将训练有素的探索者送往火星，我们需要新一代的发明家和充满创意的科学家。宇宙如此广袤，永远都有新的边疆等待我们去开拓，所以有志于太空探索的人将有一生的时间去做出新的发现、改善地球上的生活、让人类在其他行星上永久性地定居下来。

---

⑬ 太空旅游是个好主意吗？

为什么不是呢？人类天生充满好奇心，很多人想亲自体验宇航员通过语言、照片和视频记录下来的那些东西。向付费旅客开放太空旅游会让更多人有机会接触一个严酷但精彩的新环境。旅游还能增进大众对太空探索的兴趣，让人类向外走得更远，去往月球、小行星和火星。

随着越来越多的公司加入太空旅游的竞逐，太空旅行会变得更廉价、更安全，游客和探索者都将从中受益。不过我还是应该提醒一下，太空旅游公司也逃不开物理定律，所有太空飞行都是有风险的。商业性的太空公司也将遭遇意外，比如说，2014年，维珍银河公司的"太空船2号"就出过事故。不过，事故的代价固然沉重，但它也将改善未来太空之旅的安全性。

---

⑭ 我能在太空里赚钱吗？

很多聪明人觉得，太空里潜藏着巨大的商业机遇。

2014年，全球卫星产业的市场规模超过了1950亿美元，其中860亿的订单来自美国。

除了卫星在通信业和娱乐业的价值以外，太空中的原材料也很可能成为有价值的商品，例如月球和近地小行星上的金属、水和其他化学物。各国空间局和商业公司可能会利用这些天然材料来推动未来的探索计划和工业项目。比如说，一颗直径500米的铁-镍小行星里蕴藏着超过170吨的铂和相关元素，价值2万亿~3万亿美元。

正如我曾经说过的，太空旅游公司肯定希望从游客身上获利。其他公司会建立娱乐、研究或生产性质的私营空间站。来自太空行业的税收将帮助我们完成未来的火星远征。

---

⑮ 未来20年里，太空探索能走多远？

正如火箭科学家罗伯特·H.戈达德所说，"很难说什么是不可能，因为昨天的梦想就是今天的希望，明天的现实"。我认为在未来20年里，探索者和拓荒者将重返月球，飞向更遥远的深空，抵达迷人的近地小行星。这样的深空之旅需要花费6个月到1年时间。

利用太空中已有的原材料是下一步太空探索的关键所在。商业公司将在月球上部署自动化精炼厂，制造火箭燃料、饮用水和氧气，为人类探索者和游客提供补给。私人公司还会将近地小行星上的水送回地球轨道，用于制造卫星和飞船的燃料。小行星上的金属可以用来制作桁梁和缆线，为太空建设提供建筑材料；还有一些金属的价值很高，值得我们把它运回地球，比如说铂。

NASA和合作伙伴会把拓荒者送往月球轨道以外的深空，在火星卫星福波斯和得摩斯上建立补给站，为人类首

●在艺术家的概念图中，宇航员从近地小行星地表采集样品，寻找有价值的材料，例如水、金属和有用的化合物。（NASA）

次登陆火星做好准备。

不过，这一切都要靠新一代充满热情、心灵手巧的探索者去完成。我希望我的一些读者会是其中的一员！

16 如果我想问本书中没有提及的问题，我可以写信给你吗？

当然可以，而且我还要感谢你对宇宙和太空探索的好奇心。这么多年来，我收到过成千上万个问题。不幸的是，本书的篇幅有限，我无法面面俱到地回答每一个关于宇航员和太空探索的问题，不过我很欢迎新问题。请访问我的网站：www.AstronautTomJones.com，这里有专门的页面列出了未收入本书的问题和答案。我还会在脸书上回答新的问题，请关注"Ask the Astronaut by Astronaut Tom Jones"。

探索是一个没有尽头的故事，探索者应该不停地提出新的问题。人类天生充满好奇，我们永远不会满足已知的东西。事实上，不停地追问地球之外有什么东西，乃至于下一颗行星之外、太阳系之外、银河系之外有什么东西，这是我们生而为人最重要的特征之一。下一代太空探索者必将沿着这条追寻知识的道路继续前行。你会是其中之一吗？

●本书作者在"哥伦比亚号"航天飞机上准备再入大气层，当时他正在执行STS-80任务。（NASA）

词汇表

阿波罗计划：美国的第三个载人航天项目，实施于1968年到1975年。"阿波罗"系列飞船前后将12位宇航员送上了月球表面。

太空探险者协会：曾经执行过轨道任务的宇航员与太空人的国际组织。

小行星：绕太阳运行的小型岩质天体。

宇航员：接受过专业训练的飞船机组人员。

离心机：一种水平旋转的机器。旋转臂末端的乘客会承受越来越大的加速度，这是太空飞行训练中的一个环节。离心机产生的加速度可以模拟重力。

协调世界时（UTC）：24小时制的世界标准时间。

宇宙射线：一种高速重原子粒子——通常是质子或原子核。宇宙射线来自恒星死亡时的超新星爆发或星系中央活跃的星系核。

载人"龙"飞船：太空探索技术公司建造的载人飞船，能将货物和人员送往近地轨道上的目的地。它的原型是太空探索技术公司为NASA向ISS运送物资的货运飞船。

CST-100星轮号：波音公司设计的载人飞船，能将货物和人员送往近地轨道上的目的地。

得摩斯：火星有两颗卫星，得摩斯是较远、较小的那颗。

对接：为了搬运货物或组装太空飞行器，在两艘飞船之间建立机械连接。

EMU："舱外移动单元"的缩写，也就是NASA在ISS上使用的宇航服。EMU可以让宇航员在飞船外部高效地工作。

ESA：“欧洲空间局”的缩写。

EVA：“舱外活动”的缩写，指的是在加压的飞船外进行太空行走。

自由落体：物体只受重力作用时的运动状态。有一些词语的意思和“自由落体”相近，不过没那么准确，其中包括零重力、失重和微重力。

g：地球表面的重力加速度。

星系：众多恒星因为相互之间的引力聚集在一起形成星系。不同的星系之间隔着广袤的宇宙空间。

双子座计划：美国的第二个载人航天项目。从1965年到1966年，双子座计划将10对宇航员搭档送上了地球轨道，这个项目为阿波罗登月任务奠定了根基。

地面：宇航员用这个词来指代任务控制中心的飞行控制员和其他同事。

毛球：NASA于1990年选拔的第13批宇航员自己取的昵称。

高超声速：大大超过声速的速度，通常指马赫5以上，也就是声速的5倍以上。

国际空间站：多个航天大国于1998年开始在近地轨道上合作修建的前哨站。

JAXA：“日本太空探索局”的简称。

JPL：“喷气推进实验室”的简称，由加州理工大学为NASA代管，位于加州帕萨迪纳市。JPL专注于无人行星际探索和地球观测任务。

JSC：“约翰逊航天中心”的简称。NASA的航天基地之一，位于得克萨斯州休斯敦市，专注于载人飞行任务。

KSC：“肯尼迪航天中心”的简称。NASA的航天基地之一，位于佛罗里达州卡纳维拉尔角，专注于发射任务。

发射逃生系统： 宇航员在火箭发射失败或其他紧急情况下撤离飞船的安全系统。

LCVG： "液冷透气服"的简称，通常穿在宇航服下面。液冷透气服内部的水和氧气循环管路可以帮助宇航员调节体温。

山猫号： 环宇太空公司设计制造的商业太空飞机，这种亚轨道旅游飞船能飞到大气层边缘。

马赫数： 飞行器速度与当地声速的比值。比如说，飞行器的速度等于当地声速，那么我们会说，它的飞行速度是1马赫。

麦哲伦星云： 一对形状不规则的小型星云，在南半球可见。麦哲伦星云可能围绕着我们的银河系旋转。

水星计划： 美国的第一个载人航天项目。从1961年到1963年，水星计划执行了六次载人飞行任务，将多个单座飞行器送上了太空。

银河系： 我们的太阳和太阳系所在的星系。

和平号： 苏联（后来的俄罗斯）的空间站，从1989年到2001年，"和平号"一直在地球轨道上工作。

任务控制中心： 地面的控制中心及其工作人员，他们负责有效地执行太空飞行任务。

任务执行时间： 在太空中计时的一种方式。以飞船发射时间为起点，按照我们熟悉的天、小时、分和秒的系统来计时。阿波罗任务和航天飞机任务都采用了这种计时方式。

任务专家： 航天飞机任务中主要负责科学任务和飞船操作（例如太空行走、操作机械臂）的NASA宇航员。

MMOD： "微型小行星和轨道碎片"的缩写，指的是太空中可能威胁飞船的天然或人造碎片。

月球： 地球的天然卫星。有时候"月亮"也可以用来指代其他任何行星或小行星的卫星。

NASA： "美国航空航天管理局"的缩写，是美国政府的航天机构。

NBL："中性浮力实验室"的简称，NASA在休斯敦建立了这个600万容量的巨型水池，用于模拟自由落体状态，测试宇航服、工具设备，训练宇航员。

近地天体：轨道近日点离太阳的距离小于等于1.3个天文单位（1.96亿千米）的小行星或彗星。

新雪帕德号：蓝色起源公司设计的商业飞船，用于亚轨道太空旅游。

猎户座号：NASA的深空飞船，能将宇航员送到月球和近地小行星附近。"猎户座"也可能成为火星任务飞船的一部分。

紧急发射中止：火箭发动机点火后紧急中止发射任务。

载荷专家：NASA航天飞机小队中专门操作某个特定科学载荷或执行某个特定任务的宇航员。

福波斯：火星两颗卫星中较大、较近的那颗。

等离子：物质的四种基本状态之一，另外三种是固态、液态和气态。等离子体由高温带电粒子组成，它是宇宙中最常见的物质存在形式。

PLSS："基本维生系统"的缩写，即目前NASA在ISS宇航服（EMU）上使用的维生背包。

进步号：为国际空间站运送补给的俄罗斯无人货运飞船。

反应控制系统（RCS）：飞船上利用小型火箭助推器改变飞行器高度（方向）或轨道的控制系统，通常缩写为RCS。

交会：两艘飞船在太空中靠近到几米的距离内，稳定姿态准备进行对接、观测、回收等操作。

制动火箭：作用力与飞船运动方向相反的火箭，通常用于飞船在再入大气层之前的减速。

遥控系统（RMS）：远距离操作航天飞机和国际空间站上的机

械臂。宇航员和飞行控制员利用RMS来捕捉飞船，转移宇航员和设备，完成维护任务。

火箭：利用自身搭载的推进剂产生并喷出高速尾气的引擎或飞行器。喷气过程产生的反作用力会推动飞行器向目标方向前进。

SAFER："太空行走简便急救装置"的缩写，它实际上是一种火箭背包，能让飘离的宇航员安全地回到飞船里。

礼炮号：最早的空间站，20世纪70年代到80年代，苏联设计了多个"礼炮号"空间站。

神舟号：中华人民共和国设计制造的载人飞船。它的原型是俄罗斯的"联盟号"飞船。

天空实验室：美国发射的第一个空间站，从1973年到1974年，共有三位宇航员拜访过天空实验室。

SLS："太空发射系统（Space Launch System）"的缩写。

联盟号：往返于地球和国际空间站之间的俄罗斯载人飞船。

太空适应综合征：宇航员在轨道上的自由落体环境中出现的恶心晕眩等症状。之所以会出现太空适应综合征，可能是因为身体中负责控制平衡的系统一时难以适应自由落体状态。

太空飞行参与者：希望通过政府渠道或商业公司渠道进入太空的人。

太空发射系统：NASA建造的大推力火箭，它的任务是将"猎户座"和其他飞船部件送入深空。

太空船2号：维珍航空公司设计的亚轨道太空飞机。

航天飞机：美国的载人飞船，由可重复使用的太空飞机轨道器、火箭推进器和一次性的外部燃料箱组成。航天飞机服役于1981年至2011年。

STS："太空运输系统"的缩写，NASA航天飞机的官方正式名称。

升华器：宇航服的部件之一，能将固态的水冰转化为蒸汽，从而冷却宇航服循环系统中的水。

超新星爆发：死去恒星坍缩产生的爆炸，超新星爆发的光芒能在瞬间照亮整个星系。

T-38：诺思洛普T-38禽爪型是美国空军的两座喷气教练机，NASA用它来给宇航员做飞行预备培训。

太空人：英语媒体用这个词来描述中国的专业太空旅行者——即中国的宇航员。他们将汉语拼音的"太空（Taikong）"和希腊语里的"水手（naus）"融合起来，创造出了这个新词。中国人自己则称之为"航天员"。

热稳定：利用热和压力摧毁微生物、抑制酶催化作用、预防变质的航天食品加工方式。

呕吐彗星：NASA用来模拟自由落体状态，训练宇航员、实施科研试验的一系列飞行器的昵称。从1967年到2004年，NASA使用了一系列改装的波音KC-135机型来完成这个任务，这些飞机都叫作"呕吐彗星"，因为过山车般的飞行很容易让你觉得恶心反胃。

失重：见"自由落体"。

失重奇迹：NASA麦克唐纳-道格拉斯C-9试验机的昵称。2005年，这种飞机取代了KC-135，成为新一代的NASA训练机。他们用C-9来模拟自由落体状态，训练宇航员。2015年，NASA淘汰了所有C-9飞机。

曙光号：1998年，俄罗斯将国际空间站的第一个组件"曙光号"送上了太空。"曙光"这个词的意思是"黎明"。

零重力：见"自由落体"。

致谢

我想感谢NASA的宇航员同事们，你们慷慨地帮助我解答了太空旅行方方面面的问题，尤其是肯·科克雷尔、桑迪·马格努斯、汤姆·马什本、帕姆·米罗伊、唐·佩蒂特和卡尔·沃尔兹。感谢史密斯出版公司的编辑团队，包括卡洛琳·格里森、克里斯蒂娜·威金顿、杰米·施文德、马特·里茨、利恩·恩瑟、雷切尔·拉帕扎和珍·克劳福德，你们为我的初稿提供了许多积极的建议，也为本书付出了诸多辛劳，让它成为国际空间站图书馆里意义非凡的新藏品。感谢"服务站"团队设计的精美封面，多谢我的同事玛莎·埃文斯拍下了我在ISS外工作的珍贵照片。NASA的格温·皮特曼帮我找到了书中的许多照片。作为我的经纪人，格罗夫纳文学代理公司的德波拉·格罗夫纳全程指导了本书从提案到出版的整个流程。在撰写本书的过程中，我尽力希望达到NASA等级的准确度，如有任何舛误，那完全是我个人的责任。

我还想感谢我的妻子莉兹·琼斯，她花了很多时间耐心校对我的初稿，并提供了很多改进意见。她陪我经历了太空之旅中的诸多欢乐时光与紧张时刻，从未有任何抱怨。要是没有她，我根本不可能完成太空之旅，更谈不上撰写本书。